普通高等教育"十二五"规划教材

铁合金生产概论

李小明　张　爽　赵俊学
方　钊　施瑞盟　俞　娟　编著

北　京

冶金工业出版社

2014

内 容 提 要

本书共5章，简述了铁合金的用途、分类和主要生产方法，铁合金生产设备的选型及计算，以及所用原辅材料矿石、还原剂、熔剂、电极材料及耐火材料的标准及技术要求；介绍了常见铁合金品种，如硅铁、工业硅、硅钙、锰铁、铬铁、钼铁、钒铁、镍铁、钛渣、钛铁、稀土铁合金等的冶炼原理、原材料要求、生产工艺、节能及技术经济指标等，以及铁合金"三废"的治理及综合利用等内容。

本书可作为高等学校相关专业的教学用书及职业技术培训教材，也可供铁合金生产领域的工程技术人员参考。

图书在版编目(CIP)数据

铁合金生产概论/李小明等编著 . —北京：冶金工业
出版社，2014.9
普通高等教育"十二五"规划教材
ISBN 978-7-5024-6678-7

Ⅰ.①铁… Ⅱ.①李… Ⅲ.①铁合金—生产工艺
Ⅳ.①TF6

中国版本图书馆 CIP 数据核字(2014)第 191532 号

出 版 人　谭学余
地　　　址　北京市东城区嵩祝院北巷 39 号　邮编　100009　电话　(010)64027926
网　　　址　www.cnmip.com.cn　电子信箱　yjcbs@cnmip.com.cn
责任编辑　曾　媛　美术编辑　吕欣童　版式设计　孙跃红
责任校对　卿文春　责任印制　李玉山
ISBN 978-7-5024-6678-7
冶金工业出版社出版发行；各地新华书店经销；北京印刷一厂印刷
2014 年 9 月第 1 版，2014 年 9 月第 1 次印刷
787mm×1092mm　1/16；12.5 印张；300 千字；187 页
29.00 元

冶金工业出版社　投稿电话　(010)64027932　投稿信箱　tougao@cnmip.com.cn
冶金工业出版社营销中心　电话　(010)64044283　传真　(010)64027893
冶金书店　地址　北京市东四西大街 46 号 (100010)　电话　(010)65289081 (兼传真)
冶金工业出版社天猫旗舰店　yjgy.tmall.com
(本书如有印装质量问题，本社营销中心负责退换)

前　言

铁合金是冶金、化工、机械等工业的重要原料，我国的铁合金工业在产品品质、品种、数量上都处于世界领先地位。普及基本的铁合金生产知识已成为时代需要。本书涵盖铁合金生产设备、原料、工艺等方面的知识，力求体系完整，同时注重简明扼要，对繁杂的理论推导、工艺计算、操作规程等内容进行选择归纳，以便适应现代教学要求。

本书共分5章。第1章绪论，介绍了铁合金的概念、用途、分类、牌号、主要生产方法、铁合金车间构成及铁合金的发展趋势等；第2章铁合金生产设备的选型及计算，介绍了矿热炉、金属热法熔炼炉、电弧精炼炉及氧气转炉的主要机械组成，以及部分辅助设备的功能；第3章铁合金生产原辅材料，介绍了铁合金生产中所用矿石、还原剂、熔剂、电极材料及耐火材料的标准及技术要求；第4章铁合金生产工艺，介绍了常见铁合金品种如硅铁、工业硅、硅钙、锰铁、铬铁、钼铁、钒铁、镍铁、钛渣、钛铁、稀土铁合金等的用途、牌号、冶炼原理、原材料要求、生产工艺、节能及技术经济指标等；第5章介绍了铁合金"三废"的治理及综合利用等。

本书由李小明、张爽、赵俊学、方钊、施瑞盟、俞娟编著。研究生党艳梅、谢庚、陈傲黎、饶衍冰参与了文字整理及校对工作。全书由李小明统稿。

本书在编写过程中得到了业界同仁的支持和帮助，书中选用了国内同行公开出版物中的内容，在此向所有文献作者致以诚挚的谢意。栾心汉教授对本书的撰写提出了宝贵意见，并审阅和修改了部分章节，侯苏波总工对本书的编写提供了资料，在此一并表示衷心的感谢。

由于编者水平所限，书中不足之处，诚请读者指正。

编著者

2014 年 4 月

目 录

1 绪 论

【本章要点】

1. 铁合金的定义、主要用途、分类方法；
2. 铁合金牌号的表示方法；
3. 铁合金的主要生产方法及设备；
4. 铁合金车间的平面布置及剖面结构。

1.1 铁合金的定义、用途及分类

铁合金是铁与一种或几种金属或非金属元素组成的合金。

铁合金是钢铁工业和机械铸造行业必不可少的重要原材料，其主要用途可归纳如下：

用作脱氧剂。脱氧是向钢水中添加一些与氧亲和力比铁强，且其氧化物易于从钢液中排出进入炉渣的元素，使钢液中的氧含量降低。炼钢生产常用的脱氧剂有硅铁、锰铁、锰硅合金、硅钙合金、铝等。

用作合金剂。合金元素及含量不同的钢种具有不同的性能。钢中合金元素的含量是通过加入铁合金的方法来调整的。常用的合金剂有硅铁、锰铁、铬铁、钨铁、钼铁、钛铁、铌铁、硼铁、镍铁等。铁合金还常作为有色金属的添加剂及其他行业的原料。

用作还原剂。硅铁可作为生产钼铁、钒铁等其他铁合金的还原剂；硅铬合金、锰硅合金可分别作为生产中低碳铬铁、中低碳锰铁的还原剂。

用作孕育剂。铁合金也常用于铸造行业，作为改善铸造工艺和铸件性能的晶核孕育剂，以利于形成晶粒中心，细化晶粒，提高铸件的性能。

随着需求的变化及冶炼技术的不断发展，铁合金品种不断增加，一般按下列方法分类：

按铁合金中主要元素分类，有硅、锰、铬、钼、钨、钛、钒等系列铁合金。

按铁合金中含碳量分类，有高碳、中碳、低碳、微碳、超微碳等品种。

按生产方法分类，有高炉铁合金、电炉铁合金、炉外法（金属热法）铁合金、真空固态还原法铁合金、转炉铁合金、电解法铁合金等。

多元铁合金，指含有两种或两种以上合金元素，主要品种有硅钙合金、锰硅合金、硅铬合金、硅钙铝合金、锰硅铝合金、硅钙钡合金、硅铝钡合金等。

1.2 铁合金牌号的表示方法

铁合金产品牌号采用汉语拼音字母、化学元素符号、阿拉伯数字及英文字母相结合的方法表示（《铁合金产品牌号表示方法》GB/T 7738—2008）。

采用汉语拼音表示产品名称、用途、特性和工艺方法时，一般从代表该汉字的汉语拼音中选取，原则上取第一字母。当和另一产品所取字母重复时，改取第二个字母或第三个字母。原则上只取一个字母，一般不超过两个。

各类铁合金产品牌号按下列格式缩写：

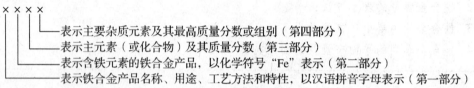

需要表示产品名称、用途、工艺方法和特性时，其牌号以汉语拼音字母开始。例如：

高炉法用"G"（"高"字汉语拼音中的第一个字母）表示；

电解法用"D"（"电"字汉语拼音中的第一个字母）表示；

重熔法用"C"（"重"字汉语拼音中的第一个字母）表示；

真空法用"ZK"（"真空"汉语拼音中的第一个字母）表示；

金属用"J"（"金"字汉语拼音中的第一个字母）表示；

氧化物质用"Y"（"氧"字汉语拼音中的第一个字母）表示；

钒渣用"FZ"（"钒渣"汉语拼音中的第一个字母）表示。

含有一定铁量的铁合金产品，其牌号中应有"Fe"的符号，示例见表1-1。

表1-1 铁合金牌号示例

产品名称	第一部分	第二部分	第三部分	第四部分	牌号表示示例
硅铁	T	Fe Fe	Si75 Si75	Al1.5-A A	FeSi75Al1.5-A TFeSi75-A
金属锰	J JC		Mn97 Mn98	A	JMn97-A JCMn98
金属铬	J		Cr99	A	JCr99-A
钛铁		Fe	Ti30	A	FeTi30-A
钨铁		Fe	W78	A	FeW78-A
钼铁		Fe	Mo60		FeMo60-A
锰铁		Fe	Mn68		FeMn68C7.0
钒铁		Fe	V40	A	FeV40-A
硼铁		Fe	B23	C0.1	FeB23C0.1
铬铁	ZK	Fe Fe	Cr65 Cr65	C1.0 C0.010	FeCr65C1.0 ZKFeCr65C0.010
铌铁		Fe	Nb60	B	FeNb60-B

产品名称	第一部分	第二部分	第三部分	第四部分	牌号表示示例
锰硅合金		Fe	Mn64Si27		FeMn64Si27
硅铬合金		Fe	Cr30Si40	A	FeCr30Si40 - A
稀土硅铁合金		Fe	SiRE23		FeSiRE23
稀土镁硅铁合金		Fe	SiMg8RE5		FeSiMg8RE5
硅钡合金		Fe	Ba30Si35		FeBa30Si35
硅铝合金		Fe	Al52Si5		FeAl52Si5
硅钡铝合金		Fe	Al34Ba6Si20		FeAl34Ba6Si20
硅钙钡铝合金		Fe	Al16Ba9Ca12Si30		FeAl16Ba9Ca12Si30
硅钙合金			Ca31Si60		Ca31Si60
磷铁		Fe	P24		FeP24
五氧化二钒			V_2O_5 98		V_2O_5 98
钒氮合金			VN12		VN12
电解金属锰	DJ		Mn	A	DJMn - A
钒渣	FZ		1		FZ1
氧化钼块	Y		Mo55.0	A	YMo55.0 - A
氮化金属锰	J		MnN	A	JMnN - A
氮化锰铁		Fe	MnN	A	FeMnN - A
氮化铬铁		Fe	NCr3	A	FeNCr3 - A

1.3 铁合金生产的主要方法及设备

铁合金的生产方法很多,主要有以下几种。

1.3.1 按生产设备分类

根据生产设备不同,铁合金的冶炼包括高炉法、电炉法、金属热法、转炉法、真空电阻炉法等。表 1 - 2 为铁合金生产方法的分类情况。

表 1 - 2 铁合金生产方法的分类

设 备	还原方法		操作方法	产 品
电炉法	碳还原法		埋弧电炉法	高碳锰铁、硅锰合金、硅铁、金属硅、硅钙合金、高碳铬铁、硅铬合金、高碳镍铁、磷铁
			电弧炉法	钨铁、高碳钼铁、高碳钒铁
铝热法	硅还原法	放热法	电弧炉—钢包熔炼炉法	中低碳锰铁、中低碳铬铁
	铝还原法		铝热法(包括铝硅或硅发热剂与电炉并用法)	钒铁、铌铁、金属铬、低碳钼铁、硼铁、硅锆铁、钨铁

设 备	还原方法	操作方法	产 品
其他 电解法	电解还原法		金属锰、金属铬
转炉法		氧气吹炼	中碳铬铁、中碳锰铁
感应炉法		熔融	钛铁
真空加热法	真空固定碳还原法		低碳铬铁、高碳钒铁
高炉法	碳还原法		高碳镍铁、高碳锰铁
团矿法	氧化物团矿（钼、钒）、发热型铁合金、氮化铁合金（用真空加热炉）		

（1）高炉法。高炉法主要生产碳素锰铁。冶炼时把锰矿、焦炭和熔剂从炉顶分别装入炉内，高温空气或富氧经风口鼓入，使焦炭燃烧获得高温进行还原反应，熔化的金属和炉渣集在炉缸中，通过渣口、铁口定时放渣、出铁，随着炉料熔化下沉不断加入新料，生产连续进行。

高炉法生产铁合金，生产率高，成本低。但由于高炉炉内温度低，高炉冶炼条件下金属被碳充分饱和，一般只能用于生产易还原元素铁合金和低品位铁合金，如高碳锰铁、富锰渣及镍铁等。

（2）电炉法。电炉法是生产铁合金的主要方法，铁合金产量中 70% 以上是用此方法生产的。电炉主要分为还原电炉（矿热炉）和精炼炉（电弧炉）两种：

1）还原电炉（矿热炉）法。还原电炉法是用碳作为还原剂还原矿石生产铁合金。将混合好的炉料加入炉内，并将电极埋入炉料中，依靠电弧和电流通过炉料产生的电阻热加热，熔化的金属和炉渣积聚在炉底，通过出铁口定时出铁出渣，生产过程连续进行。主要生产品种有硅铁、硅钙合金、工业硅、高碳锰铁、锰硅合金、高碳铬铁、硅铬合金等。

2）精炼炉（电弧炉）法。精炼炉法是用硅或硅质合金作为还原剂，生产含碳量低的铁合金。依靠电弧热和硅氧化反应热进行冶炼，炉料从炉顶或炉门加入炉内，整个冶炼过程分为引弧、加热、熔化、精炼、出铁等，生产过程间歇进行。主要生产品种有中低碳锰铁、中低碳及微碳铬铁、钒铁等。

（3）炉外法（金属热法）。炉外法一般生产高熔点、难还原、含碳极低的合金或纯金属，用硅、铝或铝镁合金做还原剂，依靠还原反应产生的化学热来进行冶炼，在筒式炉中进行，生产间歇进行。使用的原料有精矿、还原剂、熔剂、发热剂以及钢屑、铁矿石等，冶炼前将炉料破碎干燥，按一定顺序配料混匀后装入筒式炉内，用引火剂引火，依靠反应热完成冶炼。生产的主要品种有钼铁、钛铁、硼铁、铌铁、高钒铁及金属铬等。

（4）氧气转炉法。氧气转炉法包括顶吹、底吹、侧吹、顶底复吹转炉等炉型。原料为液态高碳合金、冷却剂及造渣剂等。该方法是将液态高碳铁合金兑入转炉，高压氧气经氧枪通入转炉内进行吹炼，依靠氧化反应放出的热量脱碳，生产间歇进行。主要生产中低碳铬铁、中碳锰铁等。

（5）真空电阻炉法。生产含氮合金、含碳量极低的微碳铬铁等产品时采用真空电阻炉法，其主体设备为真空电阻炉。冶炼时将压制成型的块料装入炉内，依靠电流通过电极时的电阻热加热，同时抽气，脱碳反应在真空固态条件下进行，生产间歇进行。

1.3.2 按热量来源分类

根据热量来源的不同将铁合金生产分为碳热法、电热法、电硅热法和金属热法。

碳热法：冶炼过程中焦炭兼做燃料及还原剂，生产在高炉中进行。

电热法：冶炼过程的热量来源主要是电能，碳质材料做还原剂，在还原炉中连续生产。

电硅热法：冶炼过程的热量来源主要是电能，其余为硅氧化放出的热量，使用硅（如硅铁或中间产品锰硅合金、硅铬合金）做还原剂在精炼电炉中间歇式生产。

金属热法：热量来源主要是硅、铝等金属还原精矿中氧化物时放出的热量，生产在筒式熔炼炉中间歇进行。

1.3.3 按操作方法和工艺分类

根据生产工艺特点不同将铁合金生产分为熔剂法和无熔剂法，连续式和间歇式冶炼法，无渣法和有渣法等冶炼方法。

熔剂法：采用碳质材料、硅或其他金属还原剂，生产时加造渣材料调节炉渣成分或性质（炉渣的酸、碱性）。

无熔剂法：多用碳质材料做还原剂，生产时不加造渣材料调节炉渣成分和性质。

连续式冶炼法：根据炉口料面下降情况，不断向炉内加料，并将炉内熔池积聚的合金和炉渣定期排除。采用埋弧还原冶炼，操作功率几乎是均衡稳定的。

间歇式冶炼法：将炉料集中或分批加入炉内，冶炼过程一般分为熔化和精炼两个时期，熔化期电极埋在炉料中，精炼完毕，排出合金和炉渣，再装入新料，进行下一炉冶炼。由于冶炼各个时期的工艺特点不同，操作功率也不同。

无渣法：采用碳质还原剂、硅石或再制合金为原料，在还原电炉中连续冶炼。

有渣法：在还原电炉或精炼炉中，选用合理的造渣制度生产铁合金，其渣铁比受冶炼品种和采用的原料条件等因素影响。

1.4 铁合金冶炼基本原理

铁合金冶炼尽管品种繁多，设备各异，但其根本是选择合适的还原剂，在冶炼中通过控制合适的条件，如温度、还原剂用量、炉渣碱度等，选择性地还原矿石中的一种或多种氧化物，使还原出来的各种元素（如不足可补加）组成需要的合金品种。还原剂的选择可依据氧势图（图1-1）进行。

氧势图即各种氧化物的标准生成自由能与温度（$\Delta G^{\ominus} - T$）的关系图，可以反映纯物质和氧气生成氧化物的标准自由能变化。由图1-1可以看出：

（1）氧化物的氧势线越低，该氧化物越稳定，对应的金属元素越活泼。因此在标准状态下，氧势线在下的氧化物的对应元素可以还原氧势线位置在上的元素氧化物。在熔炼温度范围内，各元素氧化先后的大致顺序是：钙、镁、铝、钛、硅、钒、锰、铬、铁、钴、镍、铅、铜等。同理，它们的氧化物的还原顺序正好相反，即由铜、铅、镍至铝、

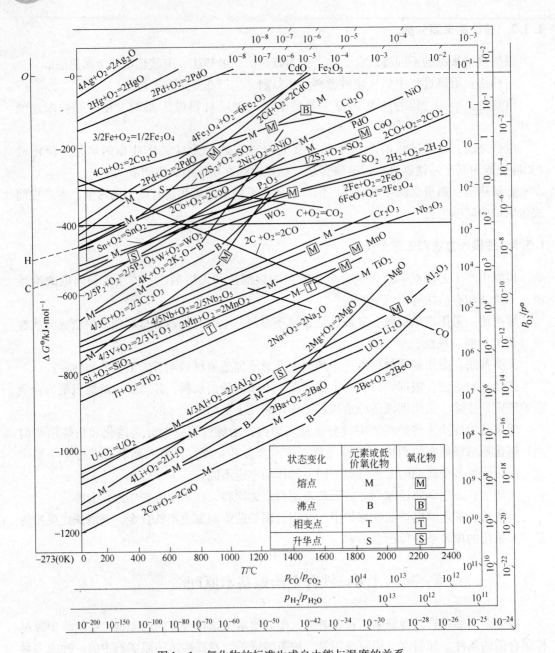

图 1-1　氧化物的标准生成自由能与温度的关系

镁、钙。从图上看，用 Si 还原 Cr_2O_3、MnO、FeO 等是完全可以的，用 Al、Mg、Ca 做还原剂还原 FeO、Cr_2O_3、MnO、V_2O_3、SiO_2 等更为可能。这是还原剂的依据。

（2）如果两氧势线在某温度下相交，在该温度下，对应的两个氧化物的稳定性相同，也可以说两种氧化反应同处平衡状态。此温度称为转化温度。

（3）由碳和氧生成 CO 反应的氧势线向右下方倾斜，而绝大多数氧化物的氧势线却向右上方倾斜。两者必然相交，交点所对应的温度就是碳还原该氧化物的温度，温度高于该值，还原反应可以进行。所以理论上讲，只要温度足够高，碳可还原所有金属氧化物，这就是用碳还原法生产金属的基本原理。

（4）氧势线的折点对应物质形态的变化。

在实际生产中选择还原剂，除了要考虑还原能力外，还要考虑价格低廉，货源充足，生成物易从冶炼反应区排除，还原剂不污染合金等。根据以上多方面因素，常选用两大类还原剂，即碳质还原剂和金属还原剂。

碳质还原剂包括冶金焦、木炭、煤等，碳还原剂还原能力强，来源广，价格低，生成物 CO 易于排除，但可能会使合金碳含量较高，常用于生产高碳铁合金品种。

当要求合金中碳含量低时，则需采用金属还原剂。金属还原剂根据资源、价格及还原能力，常选用 Si、Al 等。

1.5　铁合金车间概况

采用矿热炉进行铁合金初炼，然后采用电弧精炼炉进行精炼是铁合金生产的主要方法。在铁合金厂，矿热炉车间和精炼炉车间既可兼而有之，又可分而建之。

车间设计应满足布局合理、运输方便、工艺衔接通畅等要求；尽可能采用先进设备及自动化技术；产品生产技术经济指标先进；环保措施到位；留有发展空间。

1.5.1　矿热炉车间概况

矿热炉车间组成应根据品种、规模、工艺流程，并结合已有企业的车间等进行优化确定。主要包括原料间、炉子和变压器间、浇注间、炉渣间、成品处理间等，各跨间一般平行布置。矿热炉车间的平面布置及立面图如图 1-2 和图 1-3 所示。

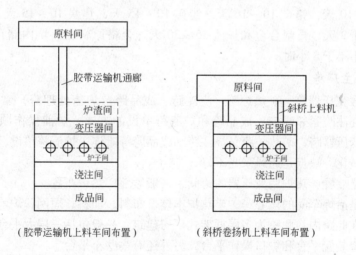

图 1-2　矿热炉车间平面图

1.5.1.1　原料间（配料站）

原料间通常布置在单独的一跨中，并与电炉平行。大厂设有料场和原料间，料场堆存较长周期的原料，原料间则用于加工并给电炉供料。

向矿热炉供料多采用斜桥上料机或垂直提升机，也有采用胶带运输机的，前者布置紧

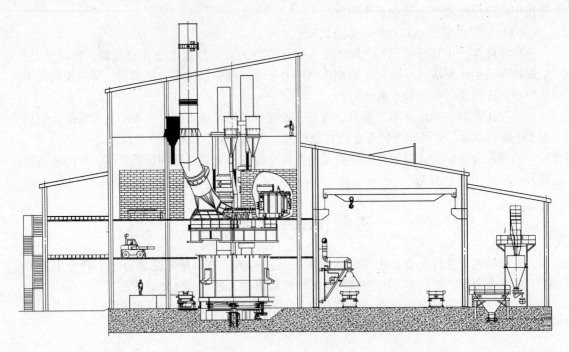

图 1 - 3　矿热炉车间立面图

凑，多用于无渣法冶炼，后者因原料间与矿热炉距离较远，其间的场地可布置炉渣处理设备及除尘设施，适宜于有渣法冶炼。

为了保证生产的连续，料间各材料的储存要满足一定的周期。未进行加工的原料，硅石一般储存 7 ~ 10 天，铬矿 10 ~ 16 天，锰矿 10 ~ 15 天，焦炭 10 ~ 15 天，钢屑 15 ~ 30 天，石灰不大于 2 天，再制合金和炉渣 15 ~ 30 天。合格原料在料坑内储存不小于 2 天，在料仓内储存不小于 8 小时。

1.5.1.2　主厂房

主厂房（含变压器跨、矿热炉跨、浇注跨、成品跨及炉渣处理跨）常采用变压器跨—矿热炉跨—浇注跨紧邻毗连，成品跨和炉渣跨单设的方式，炉前操作顺畅，通风采光好。另一种是变压器跨、矿热炉跨、浇注跨、成品跨等毗连，炉渣跨单设，便于炉前操作及浇注实现机械化，缺点是通风采光不好。

变压器跨是放置矿热炉用变压器的跨间，一般紧邻矿热炉布置。

矿热炉跨是冶炼车间的核心跨，矿热炉本体、布料、加料、短网、炉前操作、电极糊提升等均布置在此跨内。此跨为多层框架式厂房建筑，一般包括三层大平台，即炉顶布料平台、电极升降装置平台和炉口操作平台，另外还有一些小平台。

浇注跨用于铁水浇注成型，并进行铁水包维修及烘烤，个别车间兼做炉渣处理用。铁合金的浇注方式有砂窝浇注、锭模浇注、浇注机浇注等，大型矿热炉趋向采用浇注机浇注。

成品加工跨用于进行成品精整、存放及加工。车间产铁量多时单设成品间，产量少时可与浇注间合并在一起。

炉渣处理跨用于对有渣法冶炼产生的大量炉渣进行处理。炉渣分为水渣和干渣，处理场地相应分为水渣间和干渣间。水渣间可单独设置，也可与浇注间合并在一起。干渣间根据渣量的大小进行设置，渣量小时可不单独设置炉渣间，炉渣的冷却和装车在浇注间完成，渣量大时单独设置炉渣间，待炉渣冷却后运出。炉渣间一般不设屋顶，设置在原料间与主厂房之间。

矿热炉车间布置中涉及的主要参数见表1-3。

表1-3 矿热炉车间主要设计参数

项目	电炉容量/kV·A	4500~8000	9000~16500	20000~45000
原料间	长度/m	126	138	174
	跨度/m	18~21	24~30	24~30
	轨面标高/m	9~10	9.5~11	10~12
	主要作业内容	加工、储存原料	加工、储存原料	加工、储存原料
变压器间	每间长度/m	9	12	12
	宽度/m	6	6	8
矿热炉间	炉型	半封闭	半封闭	半封闭或全封闭
	跨度/m	15~18	18~21	21~24
	电炉中心距/m	18~24	24~30	30~36
	电炉中心距变压器侧柱列线/m	6~7	7~8	9~10
	炉口平台标高/m	4.5~5.2	5.5~6.5	7~8
	上料平台标高/m	9~12	13~15	15~21
	电极升降平台标高/m	15~18	19~21	19~21
	电极糊平台标高/m	12~15	16~18	18~26
	吊电极糊起重机轨面标高/m	18~20	22~24	24~29
浇注间	长度/m	42	48	54
	跨度/m	15~18	18~21	21~24
	轨面标高/m	9~10	10~11	11~13
	主要作业	浇注，修罐	浇注，修罐	浇注，修罐
炉渣间	炉渣处理方式	干渣或水淬渣	干渣或水淬渣	干渣或水淬渣
	跨度/m	15~18	18~21	21~24
	轨面标高/m	8~9	9~10	10~11
成品间	长度/m	108	114	132
	跨度/m	18	18	18
	轨面标高/m	6	8	10
	主要作业	精整、储存	精整、储存	精整、储存

1.5.2　精炼炉车间概况

　　精炼炉车间主要用于生产中低微碳铬铁和中低碳锰铁及金属锰等产品。精炼炉车间主要由原料、精炼电炉、浇注及精整工段组成。精炼炉车间分单跨和多跨两种布置形式，单跨是装料、冶炼、浇注等在同一跨内，附近设原料及成品间。多跨是由原料间、炉子间、浇注间、成品间组成，各跨间相互平行。图1-4和图1-5所示分别为中碳锰铁和中低碳铬铁车间工艺布置图。其中图1-4的热装式中碳锰铁车间由1座全封闭锰硅合金电炉，1座半封闭旋转式精炼电炉和1座摇炉组成。图1-5的中低碳铬铁车间由2座可倾式电弧精炼炉组成，考虑到场地限制，其出铁方式、浇注形式和原料处理具有因地制宜的特点。图1-6所示为中低碳铬铁车间立面图。

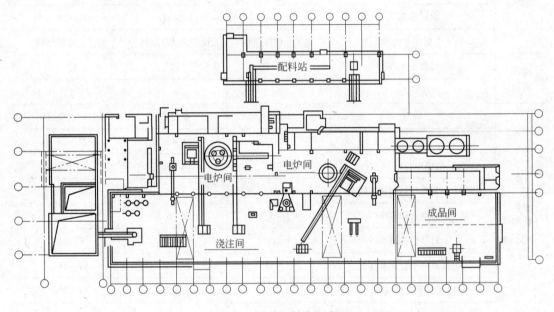

配料站

电炉间

电炉间

成品间

浇注间

图1-4　中碳锰铁车间布置

　　(1) 炉子间。炉子间完成装料、冶炼、出铁、出渣、接放电极、维修机械及电气设备等作业。主要包括电炉、变压器及控制室、炉子上料、电极系统及冷却水系统、炉口操作工具等设备及作业场地。精炼炉在垂直方向有高架式和地坑式布置两种形式。精炼炉在平面上的布置有纵向布置和横向布置之分。纵向布置是冶炼和浇注布置在同一跨内，电炉出铁方向与厂房平行。横向布置是指出铁方向与厂房垂直或成一定角度。小容量炉子及炉子数量较少时可采用纵向布置，大容量炉子及炉子数量较多时宜采用横向布置。

　　(2) 原料间。原料间通常布置在单独一跨内，大多与炉子跨平行。跨间大小保证原料的储存、加工、配料及运输必需的空间。原料的供应方式可采用胶带运输机或吊车。

　　(3) 浇注间。精炼炉采用纵向布置时，浇注与精炼炉在同一跨内；采用横向布置时，浇注在单独的一跨内进行，浇注跨与炉子跨平行。浇注分模铸和浇注机浇注，采用浇注机浇注，浇注机一般与浇注间垂直布置。

　　(4) 成品间。成品跨一般与浇注跨平行，用于成品精整、破碎、储存、包装等。

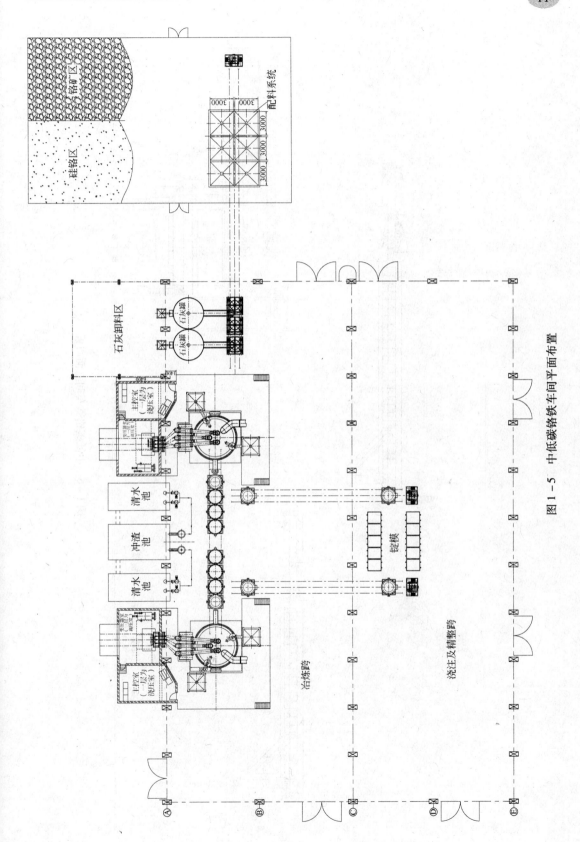

图1-5 中低碳铬铁车间平面布置

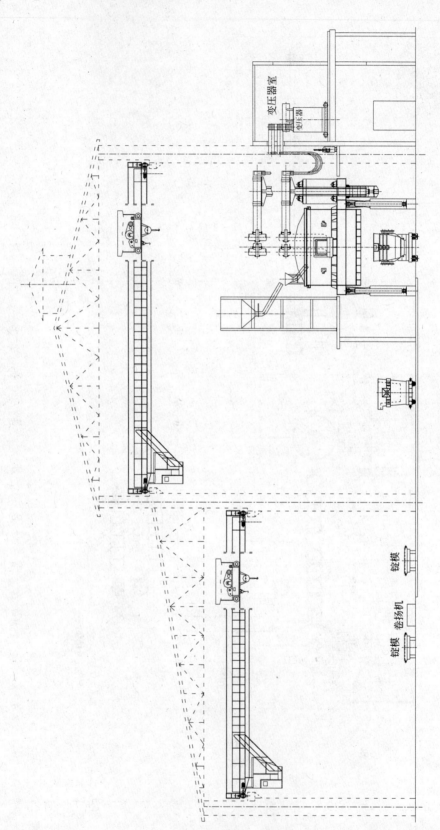

图 1 - 6　中低碳铬铁车间立面布置

精炼炉车间主要参数见表1-4。

表1-4 精炼炉车间主要参数举例

电炉容量及座数/kV·A×座		1500×1	3000×2	3000×3
冶炼品种		中低碳铬铁	中低微碳铬铁	中低碳铬铁及锰铁
原料间	长度/m	30	30	42
	跨度/m	15	21	21
	轨面标高/m		10	11
	主要作业内容	储存铬矿	储存铬矿、石灰、硅铬及硅铬加工	储料及加工
精炼炉间	长度/m	36	48	72
	跨度/m	15	15	12
	轨面标高/m	7	17	16
	上料平台标高/m		9.8	9
	操作平台标高/m		5.3	4
	精炼炉布置形式	纵向地坑式	横向高架式	横向高架式
	精炼炉中心距/m		24	18
	精炼炉中心距变压器室外墙距离/m	4.5	5.3	5.1
	主要作业	加料、冶炼、浇注	加料、冶炼	加料、冶炼
浇注间	长度/m		48	72
	跨度/m		18	21
	轨面标高/m	与炉子跨共用	10	10.5
	主要作业		浇注、精整、破碎、装桶、返渣、修砌铁水包	浇注、返渣、精整、破碎、拆砌包
成品间	长度/m	30	48	72
	跨度/m	15	18	21
	轨面标高/m		8.5	9.5
	水渣池容积/m³		126	
	主要作业	堆存、装桶	水淬渣、精整装桶、储存	精整装桶、储存

1.6 铁合金的发展趋势

随着冶金工业的发展和科学技术的进步，铁合金生产在品种、冶炼工艺、技术装备、节能降耗、环境保护、能量回收、资源综合利用等方面都有一定的发展和突破：

（1）产品结构向复合和多元化方向发展，充分利用原料中的各种合金元素。

（2）采用精料技术是增产降耗的重要举措。可在还原剂搭配使用，以及改善入炉矿石的制备技术和条件上开展工作。

（3）提高矿热炉装备水平。包括矿热炉大型化、连续作业、全封闭、自动化、采用新型加料布料机构、电极把持器、开堵铁口机等。

（4）采用先进工艺及节能工艺。

（5）采用新技术，如直流矿热炉、铁合金熔融还原技术、等离子炉冶炼技术等。

（6）环境保护和"三废"综合利用，实现回收的粉尘、煤气、炉渣等的综合利用。

为了不断适应铁合金技术的新发展，新要求，应开发和推广先进工艺技术，推进铁合金电炉大型化、密闭化、自动化，促进工艺装备升级；推广应用精料入炉技术、炉外精炼技术、低压补偿技术、烟尘净化处理技术、煤气和余热回收发电技术、科学合理利用我国贫杂锰矿技术、硅微粉、锰铬粉尘、冶炼炉渣及湿法冶炼废渣综合利用技术等，大力推进节能降耗，减排治污；调整扩大产品规格，严格控制产品主元素和碳含量波动范围，降低硫、磷杂质含量，积极配合钢厂用户对铁合金产品的不同层次要求，促进使用优质经济产品；发展高纯精制产品、铬系和锰系中的低碳、低磷、低硫等精炼产品；加大开发我国富有元素资源的高附加值新产品，不断拓展企业的效益增长点。

❧❧

【思考题】

1. 简述铁合金的定义、用途及分类。

2. 简述铁合金牌号的表示方法。

3. 简述铁合金的主要生产方法及设备。

4. 简述铁合金冶炼的基本原理。

5. 矿热炉主要用于哪些铁合金产品的生产？

6. 矿热炉车间主要由哪几部分组成，各部分的作用是什么？

7. 精炼炉主要用于哪些铁合金产品的生产，精炼炉车间主要由哪几部分组成？

8. 铁合金的发展趋势是什么？

2 铁合金设备选型及计算

【本章要点】

1. 矿热炉的类型及主要机械设备；
2. 矿热炉设计能力计算；
3. 金属热法熔炼炉类型及主要技术参数；
4. 电弧精炼炉的结构；
5. 上料及布料设备的主要形式；
6. 炉口及炉前主要设备及作用；
7. 铁合金浇注方法及主要设备；
8. 原料焙烧及干燥设备。

铁合金生产中所涉及的设备很多，包括熔炼设备如矿热炉、精炼炉、转炉等，还包括很多辅助设备如配料、上料设备、炉口及炉前操作设备、浇注设备、炉料干燥设备、破碎设备等，本章主要介绍几种主要设备的功能及选型，其他设备请参阅有关资料。

2.1 铁合金初炼炉

铁合金冶炼的初炼炉包括矿热炉、高炉及金属热熔炼炉等，此处介绍大多数含碳铁合金品种采用的矿热炉以及冶炼钼铁、钛铁所用的特殊形式的金属热熔炼炉。

2.1.1 矿热炉

矿热炉主要用于还原冶炼矿石，冶炼的主要品种有硅铁、工业硅、硅钙合金、高碳锰铁、锰硅合金、高碳铬铁、硅铬合金、硅铝合金及稀土合金等，此外还用于冶炼生铁、电石、黄磷、镍冰铜及刚玉等产品。

矿热炉通常采用碳质或镁质耐火材料作炉衬，使用自焙电极，电极插入炉料实行埋弧操作，陆续加料，间歇式出铁及出渣，连续作业。矿热炉热量主要来自熔体电阻的焦耳热，电弧热较少或者不起弧。

2.1.1.1 矿热炉类型

根据设备特点，矿热炉可分为：（1）单相单电极电炉和三相三电极电炉；（2）敞口式电炉（图2-1）、半封闭式电炉（图2-2）和全封闭式电炉（图2-3）；（3）固定式和旋转式电炉；（4）圆形还原电炉和矩形电炉等。

敞口矿热炉结构简单、投资小、易维护，但劳动条件差，不利于消烟除尘，污染环境

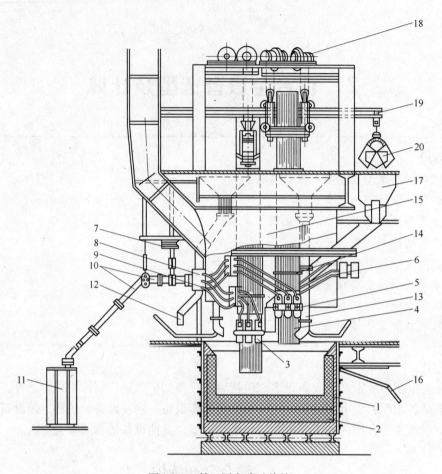

图 2-1　敞口固定式矿热炉

1—炉壳；2—炭砖；3—铜瓦；4—电极；5—电极夹紧环；6—导电铜管；7—活动接线板；
8—固定接线板；9—软电缆；10—铜排；11—变压器；12, 13—下料管；14—把持筒；
15—烟罩；16—烧穿器；17—炉顶料仓；18—电极升降装置；19—单轨；20—配料小车

严重；半封闭式矿热炉劳动强度小，且能回收电炉煤气，但电炉结构比较复杂，难于操作与维护，尤其对入炉原料要求比较严格，建设费用较高；对于有些品种或采用小型矿热炉冶炼而不能实行封闭式操作时，为了减少净化处理烟气量，保护环境，并回收炉气中的余热，日趋采用或改造为半封闭式矿热炉。我国的铁合金矿热炉，由于容量小，技术装备水平低等原因，过去大多采用高烟罩敞口式矿热炉，现在新建和进行技术改造的矿热炉，凡具有条件的均应采用矮烟罩半封闭式或全封闭式。

2.1.1.2　矿热炉机械设备

矿热炉机械包括炉体、电极系统、烟罩或炉盖、炉体旋转机构、加料装置、液压系统和水冷系统等。

A　炉体

炉体由钢制炉壳和耐火材料砌衬组成，通常呈圆形和矩形。普遍采用的是圆形炉体，其优点是结构紧凑，短网布置较合理，容易制造，大中型矿热炉炉壳采用 16～25mm 厚的

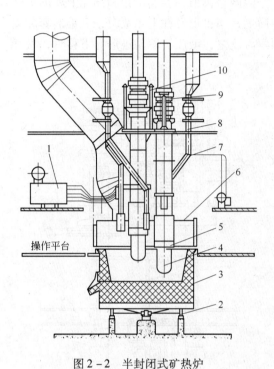

图 2-2 半封闭式矿热炉

1—供电系统；2—炉体旋转系统；3—炉体；4—电极；
5—电极把持器；6—半封闭烟罩；7—水冷却系统；
8—加料系统；9—电极压放装置；10—电极升降装置

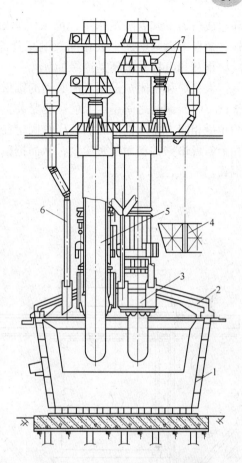

图 2-3 全封闭式矿热炉断面图

1—炉体；2—炉盖；3—电极把持器；
4—短网；5—电极；6—加料管；
7—电极压放装置

锅炉钢板制成。

　　根据炉子是否旋转，可分为固定式和旋转式。旋转式炉体，即炉体可绕垂直轴线按 360°旋转或按 120°角度往复旋转，多用于冶炼高硅硅铁、硅钙合金和硅铝合金等品种。炉体旋转有利于松动炉料，增加透气性，扩大坩埚区，减少捣炉操作，延长炉衬使用寿命等。炉体最佳转速根据生产实践确定，一般每 30～240h 旋转 360°，大型矿热炉有的采用每 200～600h 旋转 360°。

　　B　电极系统

　　电极系统由电极、电极把持器、电极升降机构和电极压放装置组成。

　　电极多采用连续自焙式，由电极壳和在壳内充填的电极糊组成。

　　电极把持器由导电铜瓦、导电铜管及压力环等构件组成。通常将把持器伸进炉盖或矮烟罩内，并以导向水套（大套）进行密封。各部件均在高温和强磁场条件下工作，应进行冷却和防磁。

　　中小型炉子常用螺栓顶紧式电极把持器（图 2-4），电极夹紧环由两个通水冷却的半环组成。为了起到隔磁作用，可采用非磁性钢作为半环材料。半环上装有顶紧铜瓦的螺栓，螺栓个数与铜瓦个数相同。铜瓦背部有一个凹形槽，槽内有绝缘材料，当螺栓顶紧后，铜瓦和电极夹紧环是绝缘的。

　　大型炉和密闭炉采用液压驱动的锥形环式电极把持器（图2-5），其铜瓦背部有斜形垫铁，它和铜瓦之间是绝缘的。压紧装置是一个内圆呈锥形的套，锥角和铜瓦上斜形垫铁的角度相同。驱动锥形环的液压缸固定在把持筒上，当锥形环往上吊紧时，其锥形套和铜瓦上斜形垫铁的斜面紧密接合，从而把铜瓦顶紧。反之，液压缸驱动锥形环下移时，松开铜瓦。

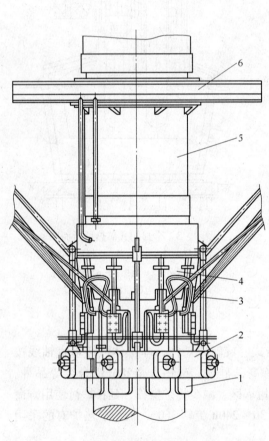

图2-4　螺栓顶紧式电极把持器
1—铜瓦；2—电极夹紧环；3—吊架；
4—护板；5—把持筒；6—横梁

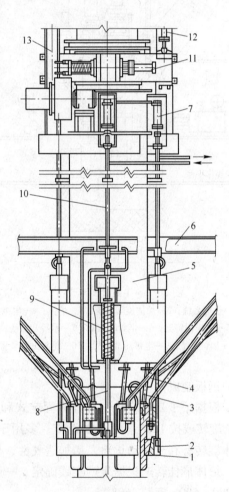

图2-5　液压驱动的锥形环式
电极把持器示意图
1—铜瓦；2—锥形环；3—吊架；
4—护板；5—电极把持筒；6—横梁；
7—松紧油缸；8—吊环；9—弹簧；
10—顶杆；11—压放抱闸；
12—压放油缸；13—槽钢

　　一些大型炉和密闭炉采用组合式电极把持器（图2-6），其主要技术特点为：结构简

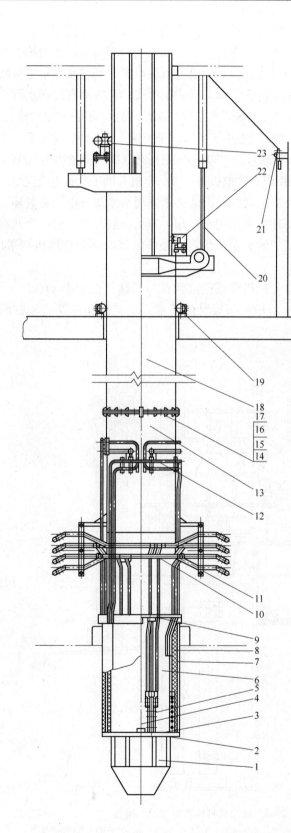

图 2-6　组合式电极把持器

1—电极壳；2—底部垫板；3—气封垫板；4—水冷保护套吊挂装置；5—接触元件及附件；6—接触元件吊挂装置；
7—水冷保护套；8—陶瓷纤维毡带；9—绝缘环板；10—铜管；11—铜管固定夹；12—电极冷却水管路；
13—下电极把持筒；14—螺母；15—螺栓；16—垫片；17—弹簧垫片；18—上电极把持筒；
19—导向装置；20—升降机构；21—电极位置指示器；22—辅助夹持器；23—压放装置

单，简化了把持器和压放机构，使用可靠；接触装置和滑放装置可适用于各种不同直径的自焙电极；电极壳不会变形；电极不会在滑放时失去控制，为高电耗的冶炼工艺增加了安全电极滑放率；由于减小电极的冷却，因而使电极焙烧位置升高；减少了电极断损事故。

铜瓦是将电能送到电极的主要部件。铜瓦用紫铜铸造，其内部有冷却水管。铜瓦与电极接触面允许的电流密度在 $0.9 \sim 2.5 A/cm^2$ 范围内，铜瓦的高度约等于电极直径，铜瓦数量可根据每相电极的电流来计算。实际设备中，小型炉子的铜瓦为 4 块，中型炉子为 6~8 块，大型炉子为 8 块。两铜瓦之间的距离为 25~30mm。铜瓦对电极的抱紧力为 $0.05 \sim 0.15MPa$，接触压力来源于电极把持器，采用组合式电极把持器的电极有助于改善电极烧结。

电极把持器是处于高温条件下的部件，因此必须采用水冷却。电极夹紧环、铜瓦、集电环、导电铜管、锥形环、保护环等都采用水冷却。铜瓦一般两块组成一个回路，中间用过桥铜管连接。半密闭炉和密闭炉的炉盖、烟罩、操作门等的钢梁结构也都采用水冷却。出水温度一般控制在 45℃ 左右。

电极升降机构的结构形式有卷扬机和液压缸两种。卷扬机在中小型电炉上采用较多；大型电炉普遍采用液压缸传动。液压缸可设计成活塞式吊挂缸和柱塞式座缸两种，如图 2-7、图 2-8 所示。

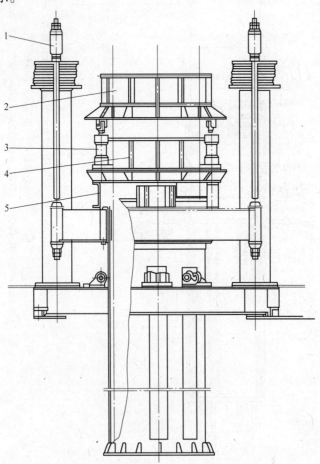

图 2-7　活塞式缸体式电极升降装置

1—把持筒上部横梁；2—升降油缸；3—固定底座；4—防尘源；5—导向辊

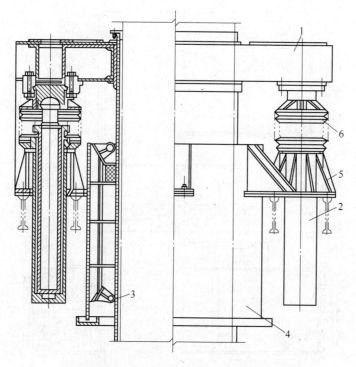

图2-8 绞性连接活动柱塞式电极升降装置
1—把持筒上部横梁；2—升降油缸；3—导向辊；
4—导向筒；5—底座；6—防护罩

电极的升降要求升时快一点，降时慢一些；升降速度视矿热炉容量及升降机构的不同而异，一般电极直径大于1m的升降速度为0.2~0.5m/min，直径小于1m的升降速度为0.4~0.8m/min。

在铁合金冶炼过程中，自焙电极不断消耗，故要定时下放电极，以满足电极工作端的长度。小型炉子多在把持筒上端电极壳部分装有电极轧头或钢带，压放操作电极把持器使铜瓦稍微松开，电极卷扬机提升把持筒即可完成电极压放操作。电极压放装置的结构形式有多种，常采用的形式为块式、带式和气囊式三种抱闸，如图2-9~图2-11所示，前两种为机械抱紧，液压松开；后一种为充气抱紧，排气松开。电极压放方式应具备手动控制和自动程序控制两种功能。块式和带式抱闸多用于炉容大于20000kV·A矿热炉上。气囊式抱闸多用于炉容小于20000kV·A矿热炉的电极压放装置上。

C 烟罩

烟罩是捕集并导出烟气的装置，可分为高烟罩、矮烟罩和半封闭烟罩三种形式。高烟罩为吊挂式，钢制结构不水冷，其直径同炉壳直径相近，烟罩下沿与炉口操作平台之间留出环形空间，装设链幕或水冷活动门，供炉口操作用，多用于敞口电炉。矮烟罩或半封闭烟罩可吊挂在顶部平台上，也可支撑在炉口操作平台上。半封闭烟罩侧部设置3个或6个可调节启闭度的炉门，既供炉口加料、拨料及捣鼓操作，又可控制冷空气进入量，调控炉气温度，收集烟尘和余热回收利用。烟罩可设计成圆形或多边形，其结构形式有金属结构水冷式、金属骨架—耐热混凝土和砖结构式以及二者混合结构式，目前普遍采用的高温烟

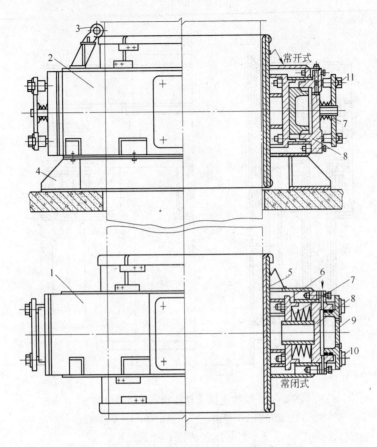

图 2-9 常闭液压闸块式抱闸

1—下抱闸；2—上抱闸；3—导轮装置；4—支架；5—橡胶闸皮；
6—铜闸瓦；7—螺形弹簧；8—缸体；9—压盖；10—调整螺栓

罩为混合结构式，烟罩顶部为水冷盖板，内衬耐热混凝土，为防止涡流和磁滞损失，在靠近电极区域应采用防磁材料制作，并且整个烟罩对地应有良好的绝缘。通常在烟罩顶部或侧部设置 2 个烟道及事故放散烟囱。

D 炉盖

炉盖是全封闭式矿热炉上收集并导出煤气的密封装置。炉盖上布有若干加料管和带盖的窥视、检修和防爆孔等。炉盖结构形式常用的有水冷金属骨架—耐热混凝土混合结构式和全金属结构式两种。应用比较多的是混合结构式，其采用水冷骨架，其间铺以水冷盖板，并在内侧砌筑耐热混凝土或砌筑耐热混凝土板。骨架使用钢管制作，在靠近电极区域采用防磁材料制作。炉盖侧壁设有检修门，供取出折断的电极头和炉内检修用。整个炉盖对地绝缘。通常炉盖还设有 1~2 个烟道及相应的除灰斗，以便消除烟道堵塞并保证煤气均衡导向。炉盖可支撑于操作平台上或炉体上，其下部设带环形圈的砂封刀。以便插入炉壳上口的砂封槽中起密封作用。为保证炉内有必要的煤气空间，并顺利地处理电极事故等，炉盖的净空高度通常为该矿热炉电极直径的 1.1~1.2 倍。

E 加料系统

加料系统是间歇或连续地向电炉内补给炉料的装置，由料仓、给料机、料管等组成。

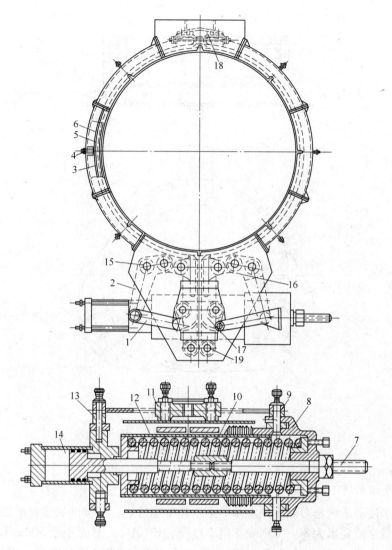

图 2 – 10   液压带式抱闸

1，2—连杆；3—闸瓦；4—小弹簧；5—压辊；6—钢带；7—轴；8—导向座；

9，13，15—销轴；10—弹簧；11—齿轮；12—导向管；14—油缸；

16，17—连板；18—压紧装置；19—固定销轴

敞口矿热炉大多采用旋转料管式或料斗式加料机直接加料入炉；半封闭式矿热炉以料管加料为主，辅以加料机配合加料，一般炉内设料管 4～40 根，炉外设料管 2～3 根。全封闭式矿热炉则全用料管加料并布料。根据炉容的大小，其料管的数量可为 10～15 根。通常设中心料管、相间料管及外围料管，料管内径按炉料粒度组成的不同取 350～450mm。位于炉子中心三角区和靠近大电流导体的料管采用防磁材料制作。半封闭式矿热炉的料管在上半段应设绝缘段，以防通过炉料造成电气接地短路。料管出口端通常为水冷结构，伸入炉内的应具有一定的可调范围，以控制料面的合理布料。

F   液压系统

液压系统是电极升降、压放和把持器等的动力源。该系统由油泵站、阀站、蓄能器和

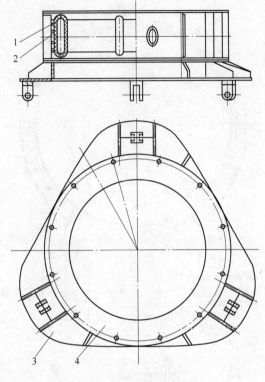

图 2-11 气囊抱闸

1—气囊；2—抱闸壳；3—上抱闸座；4—盖圈

连接管路组成。

G 水冷却系统

矿热炉水冷却系统是对处于高温条件下工作的构件进行冷却的装置。矿热炉均采用净循环水，一般水质要求为 80~100mg/L（CaO）（8~10°dH），悬浮小于 50mg/L，进水温度应低于 30℃，供水点的压力为 0.3MPa；进出水温差控制在 10℃ 左右，循环水量为每 1000kV·A 约 15~20m³/h。为防止被冷却的构件结垢，最好使用软化水。冷却装置由给水管、分水器、集水箱、配水管及仪表等组成。分水器装有检测给水压力表、温度表和流量仪表等。国外大型还原电炉的炉体也进行冷却，如炉体外部冷却（水幕）。

2.1.1.3 矿热炉供电与控制设备

A 供电系统组成

矿热炉供电系统包括开关站、炉用变压器、母线等供电设备和测量仪表以及继电保护等配电设施。

输电过程是电能由高压电网经过高压母线、高压隔离开关和高压断路器送到炉用变压器，再经过短网（母线）到达电极。

a 高压配电设备

大容量炉子采用 35~110kV 电压等级，其高压配电设备一般是将高压电源引进厂，先经过户外柱上高压隔离开关及避雷器等保护，然后用地下电缆引进厂内总控制室的进线高压开关柜。总控制室一般设有三个开关柜：一号为进线柜，设有开关、少油断路器、电流互感器等；二号为PT柜，设有开关、电流互感器、电压互感器、用以引接各种测量仪表，同时将有功功率表、一次三相电流表和电压表以及引入的二次三相电压表由此柜引至炉前操纵台，以便操纵电极升降，掌握负荷用量；三号为出线柜，设有开关、真空断路器或多油断路器，以及与变压器容量相适应的电流互感器。每台炉子都有一个出线柜，其出线与炉子变压器的一次出线端头相接。

b　二次配电设备

变配电装置在运行过程中可能会产生故障，为了便于监视和管理一次设备的安全经济运行，保证其正常工作，就要采用一系列的辅助电器设备，即二次配电设备，包括监视及测量仪表、继电器、保护电器、开关控制和信号设备、操作电源等装置。在电炉配电屏和操作台上装设的仪表通常包括交流电压表、交流电流表、交流电度表、功率表和功率因数表、继电保护回路。

B　矿热炉变压器

a　变压器的类型

变压器的类型有三相和单相两种。可以采用一台三相变压器来变换三相交流电源的电压，也可用三台单相变压器连接成三相变压器组来进行变换，但三台单相变压器的规格必须完全一致，如图2-12所示。电炉变压器的主要接线形式有△/△、Y/△、△/Y、Y/Y四种，实际中采用△/△接线法比较广泛，小型矿热炉采用Y/△，少数工厂采用△/Y接线法。

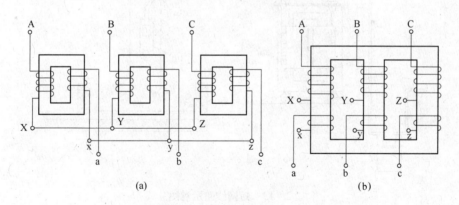

图2-12　变压器绕组示意图

（a）由三台单相变压器连接成的三相变压器组；（b）一台三相变压器

A，B，C—高压绕组的首端；a，b，c—低压绕组的首端；

X，Y，Z—高压绕组的尾端；x，y，z—低压绕组的尾端

b　矿热炉变压器的电气参数

变压器的额定容量，或称额定视在功率，是以二次侧绕组的额定电压和额定电流的乘积决定的视在功率来表示。

由于变压器效率很高，有时也用变压器一次侧的额定值计算其额定容量，可近似认为两侧绕组的额定容量是相等的。变压器负载运行时，由于其内部的阻抗引起了电压降，随着负载电流大小的不同测得的二次电压也各不相同。因此，二次侧的额定电压必须以变压

器空载下的数值为准，而且一般均指线电压。额定电流也是指线电流。

电炉变压器的主要参数是二次侧电压、二次侧电流和各级电压相对应的功率。

炉用变压器的变压比很大，二次电压较低，二次电流很大。故低压绕组一般都只有几匝，匝间绝缘可用绝缘垫片来保证，并作为冷却油通道。因为电流大，则低压绕组截面积也必须大，要用多根导线并列绕制，而且每相都由多个线圈并联。

C　短网

短网是指从矿热炉变压器的二次侧引出线至矿热炉电极的大电流全部传导装置。图2-13所示为矿热炉短网示意图，可分为下列四部分：

（1）穿墙硬母线段，包括由紫铜皮组成的温度补偿器、紫铜排或铜管组成的硬母线，以穿过墙壁，连接变压器与电炉。

（2）U形软母线段，由紫铜软线或铜皮组成，以便于电极升降。其两端分别通过上、下导电连接板（或称集电环）与两端固定的硬母线连接。

（3）炉上硬母线段，由铜管组成，在炉面上方把电流送至铜瓦。由于炉面温度很高，这段铜管必须水冷。

（4）铜瓦和电极，是电流输入炉内的特殊传导装置。

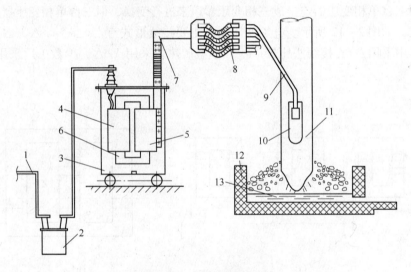

图2-13　短网线路示意图

1—高压母线；2—油开关；3—电炉变压器；4—高压线圈；5—低压线圈；6—铁芯；
7—铜排；8—软电缆；9—导电铜管；10—铜瓦；11—电极；12—炉衬；13—熔池

短网的主要作用是传输大电流，故短网中的电抗和电阻在整个线路中占很大比重，足以决定整个设备的电气特性，因此必须满足下面几个基本要求：

（1）有足够的载流能力。

实质上就是要保证导体有足够的有效截面积。首先要按照适当的截面平均电流密度确定导体的截面积，常用的电流密度值见表2-1。

导体的有效截面主要是考虑交变电流集肤效应的影响，根据理论研究及计算，要求实心矩形截面的紫铜排、板的厚度不超过10mm；铝排、板的厚度不超过14mm，宽和厚度的比值尽可能大；对于空心铜管，壁厚不超过10mm，管外径与壁厚的比尽可能大。

表 2 - 1　常用电流密度值

导　体	电流密度/A·mm^{-2}	导　体	电流密度/A·mm^{-2}
紫铜排、板	1.2 ~ 1.5	自焙电极	0.05 ~ 0.1
铝排、板	0.6 ~ 0.9	铜与铜的接触面	0.12 ~ 0.15
水冷铜管	3 ~ 5	铜瓦与电极接触面	0.01 ~ 0.025
软铜线及薄铜带	0.9 ~ 1.3		

（2）尽可能降低短网电阻。

降低短网电阻是为了降低功率损耗和提高电炉的电效率。应尽量缩短短网长度，降低交流效应系数，减小导体的接触电阻，避免导体附近铁磁物质的涡流损失，降低导体运行温度。

（3）短网的感抗值应足够小。

导体的感抗是一种不利因素，对它应该加以抑制。要降低感抗，应尽可能缩短短网长度，导体间净间距应尽可能小（一般取 10 ~ 20mm），导体厚度应尽可能小（一般取 10mm），导体高度应尽可能大，母线应采用多个并联，电流相位相反的母线交错排列并相互靠近，将电流相位相同的母线间距拉大。

（4）具有良好的绝缘强度及机械强度。

短网母线由变压器室穿过隔墙到炉子间的部位，除了应加强正、负极之间的绝缘外，也要注意短网对大地的绝缘，并做好夹持和固定。母线束的正、负极之间及其外侧均用石棉垫板绝缘。变压器二次引线端与母线连接处采用伸缩性较好的软铜皮做温度补偿器，以减轻热胀冷缩和机械振动对变压器引出端的影响，避免变形和漏油。

2.1.1.4　矿热炉设计能力计算

矿热炉设计能力采用下式计算：

$$Q = \frac{P_s A a_1 a_2 a_3 \cos\varphi}{W} \qquad (2-1)$$

式中　Q——电炉年生产能力，t；

　　　P_s——电炉额定容量，kV·A；

　　　A——电炉年工作小时，h；

　　　a_1——电源电压波动系数，一般为 0.95 ~ 1.0；

　　　a_2——电炉变压器功率利用系数，一般为 0.95 ~ 1.0；

　　　a_3——电炉作业时间利用系数，一般为 0.95 ~ 0.98；

　　$\cos\varphi$——电炉自然功率因数，视电炉大小而异，容量越大，其值越小，一般为 0.65 ~ 0.86；

　　　W——产品电耗，kW·h/t。

2.1.1.5　矿热炉的设计及主要参数选择

A　矿热炉电气参数计算

a　电炉额定容量的计算

电炉容量通常是给定的，新设计炉子可能需要计算。计算矿热炉容量的原始数据是所要求的生产能力和单位电耗。由式（2-1）推出计算公式如下：

$$P_s = \frac{QW}{Aa_1 a_2 a_3 \cos\varphi} \qquad (2-2)$$

b　二次侧电压计算

矿热炉额定功率即电炉变压器的视在功率。根据电炉变压器视在功率，则二次侧常用电压可按下列公式计算：

$$U_2 = K \sqrt[3]{P_s} \qquad (2-3)$$

式中　U_2——二次侧常用电压，V；

　　　　K——电压系数，与产品品种有关，K值一般为 4~10，特殊品种的还原炉可达 12 ~14。

部分品种的二次侧电压系数 K 值见表 2-2。

表 2-2　部分品种二次侧常用电压系数 K

品种	工业硅	FeSi 75	电石	碳锰合金	硅锰合金	碳铬合金	镍铬铁	镍铁
K	7.0~8.0	6.0~7.5	6.0~7.0	7.0~8.0	6.5~7.5	7.0~8.0	9~11	11~13

c　二次电流计算

根据电炉变压器的视在功率 P_s 和二次常用电压 U_2，则二次侧常用电流按下列公式计算：

$$I_2 = \frac{P_s}{\sqrt{3}\,U_2} \times 1000 \qquad (2-4)$$

式中　I_2——电炉变压器二次侧常用线电流，A。

B　矿热炉几何参数的计算

电炉几何参数主要包括电极直径 ϕ_e、极心圆直径 ϕ_c、炉膛直径 ϕ_i、炉膛深度 H。

a　电极直径的计算

根据电炉变压器的二次侧常用电流，则可按下列公式计算还原电炉电极直径：

$$\phi_e = \sqrt{\frac{I_2}{I_\Delta \frac{\pi}{4}}} = 1.128 \frac{\sqrt{I_2}}{\sqrt{I_\Delta}} \qquad (2-5)$$

式中　ϕ_e——还原电炉电极直径，mm；

　　　　I_Δ——电极电流密度，A/cm²。

电极电流密度与电炉容量大小、冶炼品种有关，I_Δ 值一般为 5~7，特殊品种的还原炉 I_Δ 只有 3~4。部分品种的电极电流密度 I_Δ 值，见表 2-3。

表 2-3　部分品种的电极电流密度 I_Δ　　　　　　　　(A/cm²)

品种	FeSi 75	电石	碳锰合金	锰硅合金	碳铬合金	镍铬铁	镍铁
I_Δ	6.0~7.0	6.5~7.5	5.0~6.0	6.0~7.0	5.5~6.5	3.5~4.0	3.0~3.5

b　电极极心圆直径计算

根据电极直径，则电极极心圆直径可按下列公式计算：

$$\phi_c = K_c\phi_e \qquad (2-6)$$

式中　ϕ_c——电极极心圆直径，mm；

　　　K_c——电极极心圆系数。

电极极心圆系数与产品品种有关，部分品种的极心圆系数见表2-4。

表2-4　部分品种极心圆系数 K_c

品种	FeSi 75	电石	碳锰合金	锰硅合金	碳铬合金	镍铬铁	镍铁
K_c	2.2~2.3	2.6~2.8	2.8~3.0	2.8~3.0	2.6~2.8	3.0~3.3	3.3~3.6

　　c　炉膛内径的计算

根据电极直径，则炉膛内径可按下列公式计算：

$$\phi_i = K_i\phi_e \qquad (2-7)$$

式中　ϕ_i——炉膛内径，mm；

　　　K_i——炉膛内径系数。

炉膛内径系数与产品品种有关，部分品种的炉膛内径系数见表2-5。

表2-5　部分品种炉膛内径系数 K_i

品种	FeSi 75	电石	碳锰合金	锰硅合金	碳铬合金	镍铬铁	镍铁
K_i	5.7~5.9	6.3~6.5	6.8~7.0	6.8~7.0	6.0~6.2	8~9	10~11

　　d　炉膛深度

根据电极直径，则炉膛深度可按下列公式计算：

$$H = K_h\phi_e \qquad (2-8)$$

式中　H——炉膛深度，mm；

　　　K_h——炉膛深度系数。

炉膛深度系数与产品品种有关，部分品种的炉膛深度系数见表2-6。

表2-6　部分品种的炉膛深度系数 K_h

品种	FeSi 75	电石	碳锰合金	锰硅合金	碳铬合金	镍铬铁	镍铁
K_h	2.0~2.1	2.1~2.3	2.5~2.8	2.4~2.7	2.5~2.8	2.6~2.9	2.8~3.1

　　C　矿热炉变压器的确定

电炉变压器是矿热炉的心脏，其确定要根据生产品种、原材料技术条件以及工艺要求进行。

我国大多数矿热炉为三相电炉。通常小型电炉配置一台三相无载调压器，大容量矿热炉以选用三台单相变压器组成三相变压器组为宜。变压器一般置在加料层的上一层楼，三台彼此在平面上成120°，其低压侧面向两极之间的大面，以使短网长度最短且三相阻抗均衡。

变压器一次侧电压的选择，通常小型矿热炉选用10kV或35kV；大中型矿热炉（容量16500kV以上）可选用35kV或110kV。

变压器二次侧电压及调压方式，通常12500kV·A和16500kV·A矿热炉的工作范围为 120 ~ 145 ~ 170V，19 级；25000kV·A 和 30000kV·A 矿热炉的工作电压范围为 100 ~ 173 ~ 300V，31 级×2。镍铬铁和镍铁电炉的工作电压较其他品种还原电炉的工作电压高，12500kV·A 和 16500kV·A 矿热炉，二次电压为 100 ~ 173 ~ 300V，19 级×2；25000kV·A 和 30000kV·A 电炉的工作范围为 140 ~ 242 ~ 420V，31 级×2。

目前铁合金矿热炉变压器二次侧出线有侧出线和顶出线两种方式。二次侧出线方式，小型矿热炉变压器常选用油箱顶部出线；大中型矿热炉变压器常选用油箱侧部出线，以缩短引线长度。

D　变压器接线组别的选择

接线组别一般采用 12 组。除小型变压器高、低压绕组可采用星形接法外，中型以上变压器一般高、低压绕组都采用三角接法，这是因为在短网中只流过较线电流为小的相电流。组别采用 12 组，这是因为要使高压与低压间没有相角差，在这种情况下，即使低压不配备电流互感器来直接观测低压电流，也可依靠相应的高压电流表准确地调整三根电极的升降。因此，小型变压器采用 Y，d11 组接法，中型以上多采用 D，d0 组接法。

E　年产 30000t 含镍 10% ~ 12% 的镍铁电炉各部参数计算示例

a　电炉变压器容量的计算

年产量 Q 取 30000t，电耗 W 取 7000kW·h/t，年工作小时 $A = 330 \times 24 = 7920h$，电源电压波动系数 a_1 取 0.98，电炉变压器功率利用系数 a_2 取 0.97，电炉作业系数 a_3 取 0.96，自然功率因数 $\cos\varphi$ 取 0.75，将以上数值代入式（2 - 2）得：

$$P_s = \frac{30000 \times 7000}{7920 \times 0.98 \times 0.97 \times 0.96 \times 0.75} \approx 39000 kV \cdot A$$

b　二次线电压的计算

电炉变压器容量 P_s 取 39000kV·A，电压系数 K 查表 2 - 2，取 12，将以上数值代入式（2 - 3）得：

$$U_2 = 12 \times \sqrt[3]{39000} \approx 407V$$

c　二次线电流的计算

电炉变压器容量 P_s 取 39000kV·A，二次线电压 U_2 取 407V，将以上数值代入式（2 - 4）得：

$$I_2 = \frac{39000}{\sqrt{3} \times 407} \times 1000 \approx 55325A$$

d　电极直径的计算

二次线电流 I_2 取 55325A，电极电流密度 I_Δ 查表 2 - 3，取 3.2，将以上数值代入式（2 - 5）得：

$$\phi_e = 1.128 \frac{\sqrt{55325}}{\sqrt{3.2}} \approx 130cm$$

e　电极极心圆直径的计算

电极直径 ϕ_e 取 130cm，极心圆系数 K_c 查表 2 - 4，取 3.2，将以上数值代入式（2 - 6）得：

$$\phi_c = 130 \times 3.2 = 420cm$$

f 炉膛内径的计算

电极直径 ϕ_e 取 130cm，炉膛内径系数 K_i 查表 2 – 5，取 10.5，将以上数值代入式 (2 – 7) 得：

$$\phi_i = 130 \times 10.5 = 1360 \text{cm}$$

g 炉膛深度的计算

电极直径 ϕ_e 取 130cm，炉膛深度系数 K_h 查表 2 – 6，取 3.0，将以上数值代入式 (2 – 8) 得：

$$H = 3 \times 130 = 390 \text{cm}$$

F 矿热炉主要技术参数的选择

几种铁合金产品矿热炉主要技术参数列于表 2 – 7。更多矿热炉参数请参阅附表 1。

表 2 – 7　矿热炉主要参数

冶炼品种	矿热炉容量/kV·A	电极直径/mm	电极电流密度/A·cm^{-2}	极心圆直径/mm	炉膛直径/mm	炉膛深度/mm	炉壳直径/mm	炉壳高度/mm	冶炼电耗/kW·h	产量/t·d^{-1}
锰铁	16500	1180	5.60	3400	6600	2070	8400	4600	3200	94
	20000	1220	5.78	3200	7100	2700	8800	5650	3200	113
硅锰合金	16500	1120	5.83	3100	6500	2580	8300	4500	4500	69
	20000	1210	5.80	3100	7000	2600	8600	5600	4500	84
FeSi 75	16500	1110	5.94	2700	6400	2480	8200	4500	8700	38
	20000	1200	5.82	3000	6900	2500	8400	4600	8700	46
硅铬合金	16500	1120	6.16	2700	6400	2380	8100	4350	5100	62
	20000	1150	6.25	3100	6600	2400	8900	4500	5100	68
铬铁	16500	1100	6.16	2700	6200	2350	8100	4350	3400	99
	20000	1150	6.25	3200	6900	2350	9200	4700	3400	120
工业硅	16500	1100	6.16	2700	6200	2350	8000	4400	12000	34
	20000	1100	7.00	3000	6900	2700	8100	4760	12000	42
电石	16500	1100	7.60	2800	6180	2350	7680	4600	3250	120
	20000	1050	7.60	3100	6600	2460	8100	4760	3100	140

2.1.1.6　直流矿热炉

直流矿热炉是将直流电应用于矿热炉冶炼上，其主要特点是使用石墨电极或自焙电极，并且炉底接电源的一极，炉底既是导电体，又是熔炼坩埚。直流电炉主要的热传导机理是直接的、稳定的单向对流，这种热传导在冶金过程中比交流电弧的更优越。在铬铁、硅铁、工业硅、锰铁等生产中都有应用。

直流矿热炉与交流矿热炉相比，具有结构简单（中小型直流矿热炉常用一根电极，烟罩部分密封较好，便于维修和进行烟气处理）、电弧稳定（其闪烁效应只有交流炉的 50% ~70%）、功率集中、热效率高（直流矿热炉电极中心温度高，热量集中，易于深埋电极，炉底不易上涨）、功率因数高（直流矿热炉的自然功率因数可达 0.94 ~0.96）等特点，并具有冶炼电耗低、电极消耗少（电极消耗约为交流炉的 30% ~50%）、运行噪声小

（埋弧操作时的噪声比交流矿热炉低 20dB 以上）、生产效率高等优点。直流矿热炉存在的主要缺点是，直流供电设备较多，对电源高次谐波影响大等，致使同容量的电炉工程费用较交流矿热炉工程费用高 10% ~ 20%。

直流矿热炉可分为单电极、双电极及三电极电炉。直流单电极和三电极电炉的结构原理如图 2 – 14 所示。

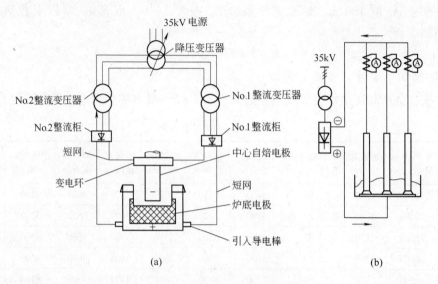

图 2 – 14   直流还原电炉结构原理

（a）单电极；（b）三电极

A   直流矿热炉的结构特征

直流矿热炉的结构基本上与交流矿热炉相似，主要电气设备包括整流变压器、整流柜及高低压电器设备与电控系统。主要机械设备包括单相自焙电极或石墨电极、电极把持器、电极升降结构及电极压放装置、半封闭式矮烟罩、导电炉体、液压系统、水冷系统、加料装置及排烟系统等，如图 2 – 15 所示。

直流矿热炉采用的自焙电极或石墨电极与整流器的负极（阴极）相连接，"炉底电极"与整流器的正极（阳极）相连接。阴极上常用空心电极把冷态细粉料加到电极端部，以降低电极端部电弧区温度，从而更加降低电极消耗。

直流矿热炉结构的特殊部分是导电炉底及炉底阳极，既是熔炼坩埚，又是直流电源的一个输入端，如图 2 – 16 所示。导电炉底应具有良好的导电性，以减少电能损失；良好的绝缘性，以确保安全生产及反应区的高温；均匀的电分布，以使冶炼熔池温度分布比较接近；使用寿命长，以

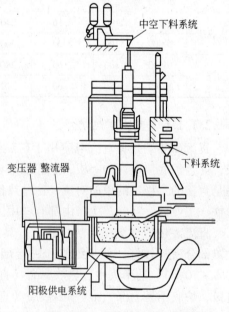

图 2 – 15   直流矿热炉结构

减少停炉维修及更换制造，获得较高的经济效益。因此，导电炉底及其阳极技术是直流还原电炉设计的关键所在。几种炉底阳极结构形式如图 2 – 17 所示。

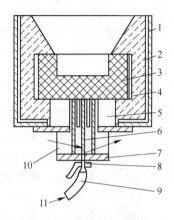

图 2 – 16 直流矿热炉炉体结构

1—炉壳；2—绝缘层；3—炉底炭砖（镁砖）；4—耐火砖；5—捣结料；6—导电棒；
7—导电金属板；8—底电极电缆；9—冷却风管；10—出风口；11—冷风

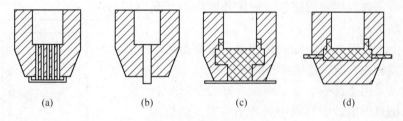

(a) (b) (c) (d)

图 2 – 17 几种炉底阳极结构形式

（a）MAN – GHN 型；（b）IRSID – CLECIM 型；（c）ASEA 型；（d）CHINA 型

B 直流矿热炉冶炼工艺参数的选择

a 电极电流密度

与同容量的交流矿热炉相比，直流矿热炉一根电极接触料面的表面积要小的多，沉料区面积也随之缩小，热量比较集中。因此，选取自焙电极电流密度时取偏小值，一般为 $5.0 \sim 6.0 \text{A/cm}^2$，而石墨电极取 $14 \sim 16 \text{A/cm}^2$。

b 电流电压比

直流还原电炉的电弧较为稳定，电弧拉得较长，并且具有在电极端部放电集中的特点，因而可以适当提高直流电弧的有效电压。其电流电压比以 $450 \sim 600 \text{V}$ 为宜，冶炼工业硅时取较小值，冶炼硅铁时取较大值；电炉容量较小时取较小值，电炉容量较大时取较大值。

c 炉膛尺寸

直流还原电炉具有电弧集中的特点，炉膛中心区温度很高，而炉底散热较为严重（因有阳极冷却系统），因此在选取炉膛直径时，要适当提高炉膛面积功率密度，适当缩小炉膛直径。

d　进电位置与进电方式

采用单电极的直流还原电炉，其炉底阳极进电位置大都从炉底直接进电，或从侧部进电，并都以炉底炭素内衬为导电体。

进电方式，对于一定容量的直流还原电炉，存在不同程度的"偏流"和"偏弧"现象，阳极引线棒以炭素材料或锻钢为宜，力求减少偏流，确保正常稳定生产。

2.1.2　金属热法熔炼炉

金属热法又称金属热还原法，也称炉外法，是用化学活性大的金属做还原剂去还原化学活性小的金属氧化物，反应时释放大量热能以熔化全部炉料，并使反应自动进行，最后形成金属（或合金）和炉渣。金属热法一般用于冶炼高熔点、难还原、含碳量极低的合金或纯金属，如钼铁、钛铁、硼铁、钒铁、高钨铁、高钒铁和金属铬等。

2.1.2.1　钼铁熔炼炉

钼铁熔炼炉如图 2 – 18 所示。其炉壳是用钢板焊制的无底圆筒，炉筒上部焊有吊耳，以方便安装和移动。供出渣用的渣口开在炉筒偏上，高度和直径根据炉子大小而定，渣口在冶炼前用混有砂子的耐火泥堵塞。炉壳内壁衬黏土砖。

炉体放置在砂质基础上，砂基用细粒干砂做成半球形凹坑，以便收容熔融的钼铁。炉体外面用砂子充填，并捣鼓结实。

在炉体上方设置有可转动的排烟罩，排烟罩通过管道与除尘器相连，用以捕集废气中的钼铁。

熔炼钼铁采用上部点火法，将混合好的全部炉料装入炉中，把点燃剂装于料面中央的小穴里，然后用烧红的铁棒点燃。此时开启排烟风机，用活动烟罩罩好。

熔炼钼铁用砂窝、炉筒的数量可用下列公式计算：

$$N = \frac{Wn_1}{24}K \qquad (2-9)$$

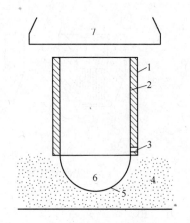

图 2 – 18　钼铁熔炼炉
1—炉壳；2—黏土砖衬；3—出渣口；
4—砂基；5—用新砂子做的砂窝表面；
6—容纳金属的砂窝；7—烟罩

式中　N——需要砂窝、炉筒的数量，个；

　　　W——砂窝、炉筒周转所需时间，h；

　　　n_1——每昼夜需要冶炼炉数；

　　　K——冶炼不均衡系数，一般按 1.5 ~ 2.0 计算。

钼铁熔炼设备主要技术参数见表 2 – 8。

表 2 – 8　钼铁熔炼炉的主要技术参数

炉壳直径 /mm	炉筒高度 /mm	炉衬内径 /mm	出渣口距 下缘/mm	出渣口 尺寸/mm	烟罩距炉筒 上缘/mm
1970	1600	1740			
1970	2000	1740	100	100 × 100	200

2.1.2.2　钛铁熔炼炉

钛铁熔炼炉有活动式和固定式两种。活动式如图 2 - 19 所示，它安置在带有铸铁底盘的特殊小车上。炉底为镁砂打结层，在冶炼前再撒上一层热镁砂；也有砌上一层镁砖以积聚熔融的钛铁。活动式炉子一般采用固定排烟罩，点火之前把坐在小车上的炉子推到固定烟罩下部。

固定式钛铁熔炼炉的结构如图 2 - 20 所示，它安装在镁砂基础上，炉内做成锅底形砂锅，用来积聚熔融钛铁。固定式熔炼炉一般采用可转动式排烟罩。

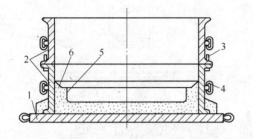 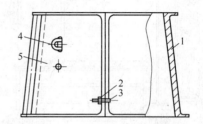

图 2 - 19　活动式钛铁熔炼炉
1—铸铁底板；2—铸铁炉身；3—楔形销；
4—吊环；5—铁模板；6—镁砂填料层

图 2 - 20　固定式钛铁熔炼炉
1—铸铁炉片；2—楔子；3—销子；
4—吊耳；5—渣口

钛铁熔炼炉主要技术参数见表 2 - 9。

表 2 - 9　钛铁熔炼炉主要技术参数

容量/批	高度/mm	上口直径/mm	下口直径/mm	渣口距炉壳下沿/mm	渣口直径/mm	炉片厚度/mm	总质量/t	炉筒寿命/炉
80	1500	1710	1890	680	φ80	上 60，下 90	6.4	30 ~ 40

2.2　铁合金精炼炉

铁合金精炼炉主要用于对矿石、高碳铁合金等进行精炼，从而获得中碳、低碳、微碳铁合金产品，其生产工艺的特点是间歇周期式加料与出炉操作。

2.2.1　电弧精炼炉

电弧精炼炉通常为敞口式带盖，炉体有固定式、倾动式和旋转式三种。几种电弧精炼炉的结构形式如图 2 - 21 ~ 图 2 - 23 所示。精炼电炉冶炼的单位电耗较低，炉容较小，中低碳锰铁精炼电炉容量为 3500kV·A 及以上半封闭式旋转式电炉，铬铁精炼电炉容量为 6300kV·A 及以上带盖倾动式电炉。

精炼电炉机械设备包括炉壳、炉盖、炉盖提升和旋转装置、炉体倾动机构、电极横臂及电极升降机构、大电流线路、液压系统、冷却水系统。其辅助设备有电炉加料装置、电极接长装置、炉前操作平车、供氧装置等。

炉壳是由圆筒形炉身和圆锥台炉底焊接而成，分为上下炉壳。上炉壳为圆柱形，采用

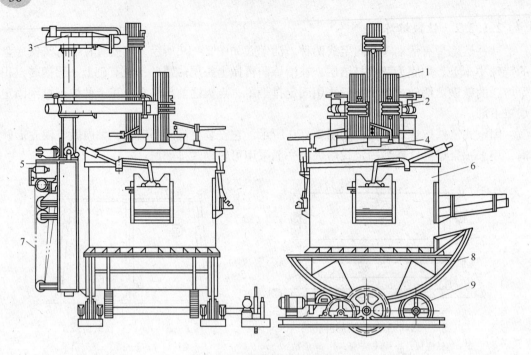

图 2-21　带盖侧倾精炼电炉

1—电极；2—把持器；3—电极升降支臂；4—加料口；5—电极升降主架；

6—炉体；7—电极平衡锤；8—弧形架；9—倾动装置

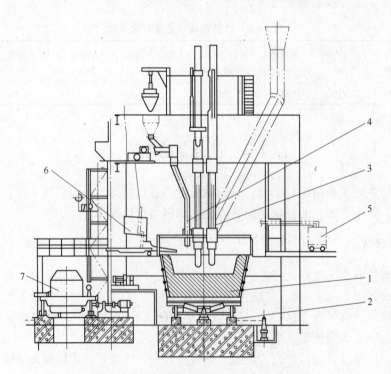

图 2-22　中低碳锰铁半封闭旋转式电炉

1—炉体；2—旋转机构；3—电极系统及矮烟罩；4—加料管；

5—有载调压变压器；6—热送装置；7—摇炉

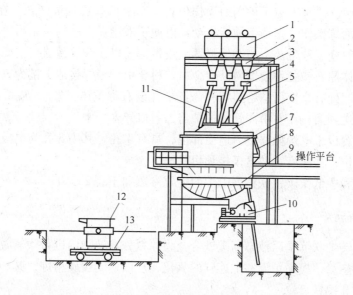

图 2-23 微碳铬铁精炼电炉

1—保温料罐；2，4—料斗；3—装料闸门；5—下料管；6—水冷炉盖；7—炉体；
8—炉门；9—托架；10—倾动机构；11—电极；12—铁水包；13—浇铸水车

耐火内衬，顶部有沙封槽。当炉盖降落到炉体上时，该沙封槽可起密封作用，以减少炉气外逸。炉壳下部外侧设有定位孔，用以与倾动架连接，炉体上有牢固的吊耳，可使其整体吊出或安装。下炉壳内打结耐火材料，形成熔池。炉壳上部设置足够高的水冷层，内置进水回水冷却管；还设置炉门开闭油缸的双作用液压缸。炉壳外圆适当位置开设通气孔。

炉盖由大炉盖圈和中心小炉盖组成。大炉盖圈为水冷密盘无缝管焊接而成。中心小炉盖为高温强度好的一级高铝质耐热预制件，上面开有三个电极孔和一个加料孔。

炉盖提升和旋转机构用于炉盖的提升下降及炉盖旋开，由旋转架、炉盖提升液压缸、传动装置、同步轴、炉盖旋转支撑装置、旋转锁定装置、支撑导轮、旋转轨道、旋转液压缸以及定位装置等部件组成。

炉子倾动装置用于炉子的倾动出铁出渣，由倾动摇架（弧形架）及平台、基座、倾动液压缸等部件组成。

电极升降装置用于电极的下放及提升，包含电极横臂和电极立柱装置两大部分。

大电流线路是指变压器二次侧出线铜管以后，由补偿器组、穿墙铜管组、水冷铜管、大截面水冷电缆、导电横臂及石墨电极等组成。其水冷铜管的起始端与变压器二次出线铜管之间，采用软绞线电缆的补偿器，可以消除热膨胀、电动力对固定件的影响；穿墙铜管组、汇流排以及水冷电缆的支承处均由非导磁不锈钢的支架承托，并用绝缘件衬垫。水冷铜管组选用较大截面，使其每组短网系统的电阻和电抗最小，同时使其三相电抗平衡。

液压系统用于控制出钢机构、电极松开、炉体水平支撑等。液压系统由柱塞泵、蓄能器、集液箱及控制阀等组成，通常采用水—乙二醇作介质。

矿热炉冷却水系统包括以下供水支路：水冷炉盖圈、炉体、短网铜管、电缆、横臂、电极夹头、变压器油水冷却器、液压站冷却水等。回水采用无压回水方式。

炉前操作平车为电动式，由钢板、型钢焊接成车体，传动装置采用电机＋减速机＋车轮，有四套车轮组。平车安装于炉门前操作位置，车上可放置各种炉料，在冶炼过程中，工人在车上进行冶炼操作。车体可前后运动，以便于渣罐在渣坑内吊出吊进。

加料装置由料仓、称量斗、振动给料器、皮带运输机、溜管组成。主要用于精炼过程中向炉内加入固体原料和各种辅助料及合金料。料仓由钢板焊接成上部为方形下部为锥形的箱型体。料仓匹配有仓壁振动给料器和称量斗（设有称重传感器）。皮带运输机用于将称量好的炉料运送到溜料斗并由溜管通过炉盖加料口导入炉中。

电极接长装置设于电炉操作平台适当部位，具有4孔。其中3孔为电极存放位，另一孔位是电极接长位，并配有手动电极接长机具。

中低碳锰铁和中低微碳铬铁精炼电炉的主要参数列于表2-10。

2.2.2　氧气吹炼转炉

铁合金氧气转炉吹炼是以液态高碳铁合金为原料，在转炉内进行吹氧脱碳，通过金属氧化释放大量的热量，提高炉温并加速碳的氧化，从而达到脱碳精炼，其产品为中低碳铬铁、中低碳锰铁和镍铁。

根据吹氧方式不同，转炉吹炼法分为纯氧顶吹、纯氧侧吹、纯氧底吹、顶底复吹等类型。转炉设备主要由炉体（炉壳和耐火料衬）及倾动机构，强制水冷拉瓦尔喷嘴式氧枪及其垂直升降和旋转机构，汽化冷却或强制水冷的活动烟罩和烟道以及加料系统、供氧系统、供水系统、气封系统等组成。由于吹炼炉温比炼钢的高200~300℃，故转炉炉衬一般采用镁质耐火砖衬。

吹炼铁合金转炉类型如图2-24和图2-25所示。

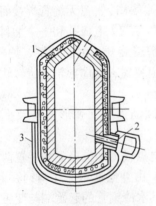

图2-24　吹炼中低碳铬铁的
氧气侧吹转炉示意图
1—炉壳；2—风嘴；3—真空处理壳

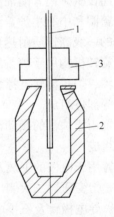

图2-25　吹炼中低碳铬铁的
氧气顶吹转炉示意图
1—氧枪；2—炉衬；3—炉罩

转炉的主要设计参数为容积比，即炉膛容积和铁水装入量之比，一般为0.77~0.80；高宽比，即炉膛高度和直径之比，一般为2.1~2.3。供氧压力为0.4~0.8MPa，供氧强度（标态）为4~6m³/(t·min)。

转炉吹炼铁合金的设计能力可按下式计算：

表 2－10　中低碳锰铁和中低微铬铁精炼电炉的主要参数

项　目	中低碳锰铁精炼炉				中低微铬铁精炼炉				
	3500kV·A	3500kV·A	3000kV·A	1500kV·A	3500kV·A	3500kV·A	3000kV·A	3000kV·A	1800kV·A
炉子类型	矮烟罩半封闭	敞口固定	敞口前倾	带盖侧倾	敞口固定	敞口旋转倾动	带盖侧倾	敞口前倾	带盖前倾
冶炼品种	Mn0~2	Mn0~2	Mn0~2	Mn0~2	Cr0, Cr01, Cr1~3	Cr00~0000	Cr00~0000	Cr0~0000, Cr01, Cr1~3	Cr0, Cr01, Cr1~3
常用电压/V	140/170	167	173	121/210	156	276	280	207/265	121/210
常用电流/A	12200	12100	10000	4120	13000	7300	6190	8250/6540	4130
电极材质	自焙	自焙	石墨	石墨	自焙	石墨	石墨	石墨	石墨
电极直径/mm	500	450	500	350	450	500	350	500	200
电极电流密度/A·cm^{-2}	6.2	8.02	5.09	4.3	8.2	3.72	6.44	3.33	13.15
极心圆直径/mm	1350±50	1240	1150	900~1050	1400	1200~1400	1150	1215	800
极心圆平均负荷/kV·A·m^{-2}	4500	2282	2140	2300	1916	2349~1725	1741		2528
炉膛直径/mm	1400	2640	2200	2300	2640	2800	2400	2850/2750	2000/1850/1400
炉膛深度/mm	1400	1600	1100	门坎下350	1200	800	1100	840	1225
炉壳直径/mm	6000	5050	3760/3480	3532	5400	4690/4160	4100	3800/3500	2734
炉壳高度/mm	3200	2500	2300	2466	2500	2320	3000	2300	1540
倾动角度/(°) 前倾	炉体旋转 3~10min/r	—	25	40	—	30	45	25	40
倾动角度/(°) 后倾		—	5	5	—	5	5	5	
电极最大行程/mm	1200	1200	1600	1600	1200	2000	1500	1600	1200
电极升降速度/m·min^{-1}	1~1.5	1.59	1.04	1	1.59	2	1	1.04	
炉衬材质	镁砖	镁砖	镁砖	镁砖	镁砖	镁砖	镁砖	镁砖	镁砖
炉衬寿命/d	75~90	45~60	30~45	30~40	约330	35~40	约25	约150	约45

$$Q = \frac{1440G}{t}T \qquad (2-10)$$

式中　Q——单座转炉的设计能力，t/a；

　1440——转炉一昼夜生产的时间，min；

　　G——转炉吹炼平均每炉产量，t；

　　t——转炉平均吹炼周期（一般为60min，其中吹氧时间约30min），min；

　　T——转炉年有效工作天数（约300~320d）。

3t氧气顶吹转炉的主要参数示例如表2-11所示。

表 2-11　3t 氧气顶吹转炉设计参数

项　目	数　值
转炉公称容量/t	3
冶炼品种	中低碳铬铁
最大装入量/t	4.2（按实物吨计，含 Cr65%）
平均装入量/t	3.8
炉龄/炉	150~180
炉座	活动式
年工作日/d	310
每炉平均冶炼时间/min	60
其中吹氧时间/min	30
碳素铬铁水单耗/t	1.2
炉壳内径/mm	$\phi2100$
熔池深度/mm	880
炉子全高/mm	约3402
炉膛直径/mm	$\phi1140$
炉子有效容积/m³	2.7
炉容比/m³·t⁻¹	0.65
炉口直径（砌砖后）/mm	$\phi750$
熔池底直径/mm	$\phi820$
炉帽高度/mm	835
炉衬材质	一级镁砖
炉衬厚度/mm	430
炉底厚度/mm	690

2.3　配料、上料及炉顶布料设备

2.3.1　配料秤

配料秤通常有料斗式电子秤、胶带电子秤、核子秤等多种形式。小型矿热炉车间通常选用人工配料小车，而大中型矿热炉车间通常设置配料站，采用电子秤或核子秤等称量设备，并按炉料配比实现 PLC 或微机控制。

料斗式电子秤配料系统如图 2 – 26 所示。称量精度 1.0%，秤的规格有 100kg、300kg、500kg、1000kg 等，配料在 1 ~ 2min 完成，可以手动或自动称量。

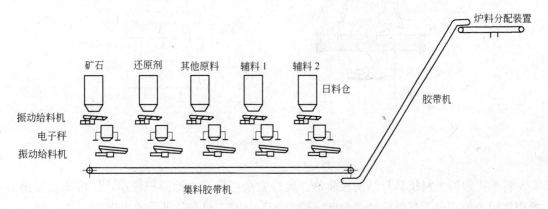

图 2 – 26　料斗式电子秤配料系统简图

胶带电子秤配料系统如图 2 – 27 所示，系统的配料精度较高，一般散状量可达 0.4% ~ 0.7%。

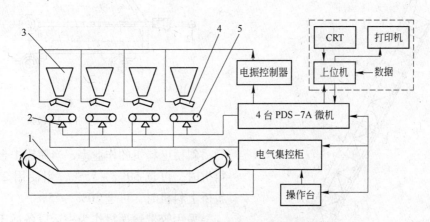

图 2 – 27　胶带电子秤配料系统简图
1—集料胶带输送机；2—传感器；3—料仓；4—电磁振动给料机；5—称量胶带

核子秤是一种非接触式的散状物料在线连续计量和监控装置，是利用物料对 γ 射线束吸收的原理，对输送机传送的散装物料进行在线连续计量的新一代计量器具。适用于带式、螺旋、链斗、刮板等输送机的物料计量和称量，不受恶劣环境干扰，安装维护简单，具有动态精度高、可靠性好等特点。核子秤通常使用 ^{137}Cs 放射源。核子秤示意如图 2 – 28 所示。

2.3.2　炉顶上料设备

矿热炉炉顶上料可采用料车式斜桥上料机和胶带输送机。

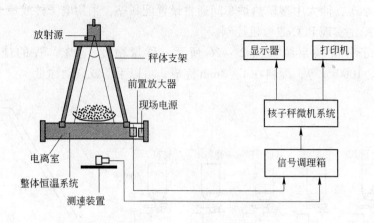

图 2-28 核子秤配套示意图

料车式斜桥上料机具有结构较简单，运行安全可靠，占地面积较小，厂房布置紧凑、投资费用小等特点，其斜桥倾斜角度一般为 50° ~ 62°。料车装满系数为 0.75。

斜桥上料机由料车、料车卷扬机、绳轮及斜桥等组成，如图 2-29 和图 2-30 所示。

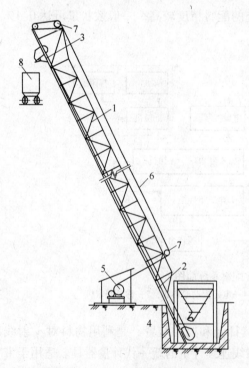

图 2-29 料车式斜桥上料机
1—斜桥；2—主轨道；3—辅助轨道；4—料车；
5—卷扬机；6—钢绳；7—导向轮；8—小车

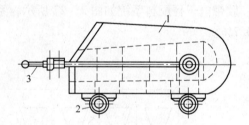

图 2-30 料车
1—车身；2—车轮；3—辕架

斜桥上料机的作业率，当使用 1 台斜桥上料机时，可选 50% ~ 75%，当使用 2 台以上斜桥上料机时，可选 70% ~ 75%。

采用胶带输送机作为提运设备适于大容量矿热炉，尤其适于有渣法冶炼。铁合金车间多使用固定式带式输送机。

胶带输送机适于输送堆密度为 1.0 ~ 2.5t/ m^3 的各种块状、粒状等散装物料，也可输送成件物品；适用的工作环境温度在 -10 ~ +40℃。采用耐热橡胶输送带，物料温度不高于 120℃。所用输送带有普通橡胶带和塑料带两种。输送具有酸性、碱性、油类物质和有机溶剂等成分的物料时，需采用耐油、耐酸碱的橡胶带或塑料带。

胶带输送机的输送量可根据带宽、带速、物料堆密度、堆积角、倾角等确定。

2.3.3 炉顶布料设备

矿热炉的炉顶布料设备,通常采用2~3条可逆胶带输送机和环形料车两种布料设备,对于全封闭式还原电炉,大多采用环形料车,以利于料管布置。

可逆式胶带机的宽度有800mm、650mm等规格,胶带长度、速度等根据具体要求而定。

环形料车的大小应根据供料情况确定,料车的主要参数有容积、行走速度、环行一周时间、回转半径等,常见的料车容积有 0.7m³、2.0m³,其料车行走速度为 0.5m/s、0.3m/s,环行一周用时为 50s、30s。

2.4 电炉炉口及炉前设备

2.4.1 加料捣炉机

全封闭矿热炉采用料管下料兼布料,而敞口或半封闭式硅铁、工业硅、硅钙合金、锰铁及铬铁矿热炉,一般采用料管下料并辅以多功能加料捣料机或单功能捣炉机。其主要作用或者是单一捣炉,或者既能加料,又能借助可更换的工具使炉内布料均匀,扩大反应区,并消除悬料、捣碎熔渣,减少结壳和料面喷火,达到炉况顺行。

捣炉机包括单功能加料机、捣炉机和多功能加料捣炉机3种,按行走方式又可分直轨行走式、环轨行走式和无轨自由行走式。国内中小型硅铁炉广泛使用直轨行走式的单功能捣炉机,一座矿热炉配备三台。国外大型矿热炉多使用自由行走式的多功能加料捣炉机,一座炉子配备一台即可完成炉口3个大料面的加料、推料及捣炉操作。图2-31和图2-32所示分别为单一捣炉机及加料捣炉机结构图。

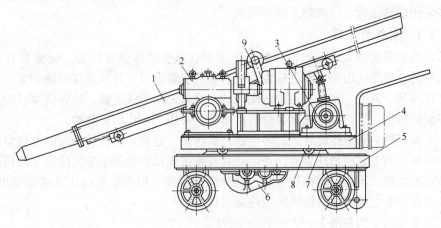

图2-31 捣炉机结构图

1—捣杆;2—捣杆进退机构;3—捣杆升降机构;4—上车面;5—下车面;
6—小车行走机构;7—回转盘;8—回转轮;9—压辊

2.4.2 开堵铁口设备

对于中小型矿热炉,开堵铁口的操作多采用电弧烧穿器开眼和人工堵眼;而对于大型

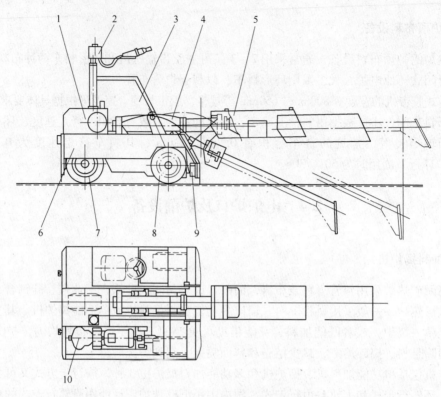

图2-32　加料捣炉机结构图

1—油箱；2—电缆引入装置；3—驾驶舱；4—工作机构；5—料箱；6—机架；

7—后轮及转向装置；8—前轮装置；9—缓冲器；10—油泵装置

矿热炉多采用机械化程度较高的开眼堵眼机。

2.4.2.1　电弧烧穿器

根据矿热炉容量的大小，出铁口数量的多少，以及炉体旋转与否，烧穿器有多种类型。最简单的一种是在出铁口前方横一根石墨或炭素电极，并与烧穿母线相连。烧穿出铁口时将铁棒搁于其上，便可与用炭砖砌筑的出铁口之间形成电弧，达到烧穿目的。这种方式铁棒消耗量大，且产品含铁量也会有所增高，多用于中小型矿热炉。

对于大型矿热炉和炉体旋转式的多出铁口矿热炉，通常采用可移动式的电烧穿器，通过安装在出铁口前上方的吊挂导轨，并借助直线或按圆弧移动的小车，使烧穿器移到出铁口附近所需的位置，不用时则推到一旁。这种烧穿器既可用石墨电极棒直接烧穿出铁口，也可通过搁在石墨电极棒上的铁棒间接烧穿出铁口。

电弧烧穿器的结构如图2-33所示。

2.4.2.2　开眼堵眼机

开眼堵眼机用于大中型矿热炉的出炉操作。根据矿热炉设置出铁口的数量及布置形式的不同，开眼堵眼机的选型也有所不同。

开眼机有两种结构形式：一种为钻孔机式，它利用电动机通过减速装置驱动钻杆旋转；另一种为凿岩机式，它具有旋转与冲击两项功能，且其动作可分可合。开眼机钻杆的前端装有一个可更换的硬质合金钻头，利用它将出铁口钻通。为避免铁水烧坏钻头，开眼

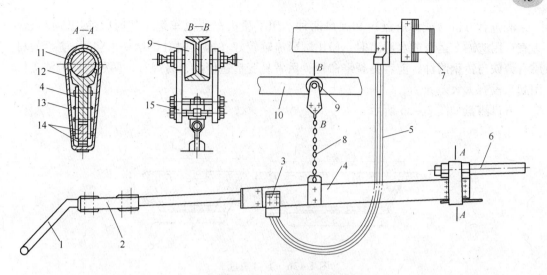

图2-33　电弧烧穿器

1—手把柄；2—木方梁；3—铜接头；4—导电板；5—软电缆；6—石墨电极棒；
7—输入母线；8—悬挂链子；9—滑轮；10—工字梁；11—轴瓦；
12—铜头；13—钢箍；14—销键；15—绝缘垫

时当钻头与铁水将要接近之前，钻头会快速退出出铁口。进退动作由电动卷筒通过钢丝绳来实现，也可由气动马达带动链条来实现。

　　堵眼机通称为泥炮，一般由炮身装置、进退装置、回转装置和角度调节装置等组成。用于电炉出铁后将堵眼泥堵塞住出铁口。堵眼机的结构形式有电动的、液压的和气动的三种。根据矿热炉容量的大小，堵眼机的泥缸容积一般为20~50L。

2.4.3　铁水包

　　铁水包用于盛接铁水，包括矿热炉车间用铁水包和精炼炉车间用铁水包。

　　铁水包有铸钢铁水包和砌砖铁水包两种，铸钢铁水包的使用效果较好。铸钢铁水包也可当渣包用。砌砖铁水包制造简单，但耐火材料消耗量大。

　　无内衬的铸钢铁水包（图2-34、图2-35）使用前先挂渣。为了降碳，盛硅铬合金的铁水包最好为下注。

2.4.4　渣包（盘）

　　渣包用于盛接炉渣，包括矿热炉车间用渣包和精炼炉车间用渣盘。

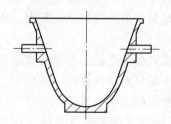 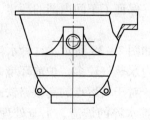 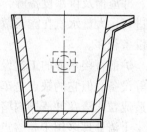

图2-34　铸钢铁水包　　　　　　　　　　图2-35　衬砖铁水包

渣包有方口（或称渣盘）和圆口两种。用平板火车或汽车运干渣时，使用方口渣盘为宜；用渣罐车运渣或水冲渣时，使用圆口渣罐较好（即无内衬铸钢铁水包）。渣盘的材质有铸铁与铸钢两种，前者易裂寿命短，后者易变形造价高，易焊补，两种材质的渣盘使用起来没有太大差异。

方口渣盘如图 2 - 36 所示。

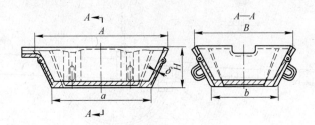

图 2 - 36 方口渣盘

表 2 - 12 为几种常见渣包（盘）的技术参数。

表 2 - 12   常见渣包（盘）技术参数

容积/m³		1.0	1.4	1.4	1.5	2.0
形 状		方口浅渣盘	方口浅渣盘	方口浅渣盘	椭圆形罐式	椭圆形罐式
外形尺寸/mm × mm	上部	1760 × 1280	2320 × 1720	2420 × 1820	2080 × 1820	1950 × 1900
	下部	1410 × 1000	1764 × 1164	1764 × 1164	球形 φ1460	球形 φ1460
高度/mm		600	600	700	1200	1560
材质		铸铁	HT10 - 26	HT10 - 26	ZG55	ZG35
质量/kg			2708	2900	3000	3370
备 注		不带流嘴	不带流嘴	带流嘴	不带流嘴	带流嘴

2.4.5 炉渣处理设备

炉渣处理方式包括干渣和水淬渣两种形式。对铁合金炉渣水淬常采用两种方式，即炉渣间水淬和炉前直接水淬。

炉渣间水淬工艺所采用的主要设备有双钩桥式起重机、桥式抓斗起重机、渣罐、中间包、冲渣槽及供水设备等，其设备配置如图 2 - 37 所示。它的优点是水淬过程在电炉车间外进行，大量水汽在露天散发，保证了车间内部的环境，不足是炉渣处理场地面积大，使用设备较多。

炉前直接水淬的工艺设备如图 2 - 38 所示。这种水淬方式减少了渣罐，省掉桥式起重机等设备。但它的缺点是车间内水蒸气较多，炉前环境差，水蒸气有锈蚀作用，操作不当会造成粒化渣在冲渣槽内堵塞。对于高熔点的高碳铬铁渣不宜采用此方式水淬。

干渣处理多用于高熔点或难水淬的炉渣，干渣处理常采用热泼渣和渣盘空冷后托盘等，常用设备为桥式起重机、渣包、渣盘等。

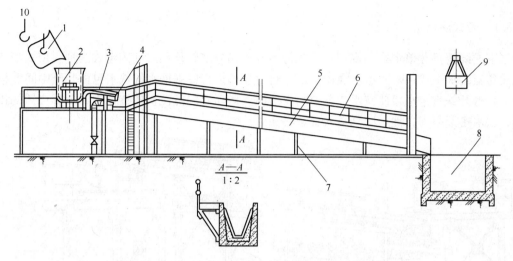

图 2-37　硅锰渣水淬设备配置

1—渣罐；2—中间包；3—留渣槽；4—喷嘴；5—冲渣槽；6—栏杆；
7—流渣槽支架；8—集渣坑；9—抓斗起重机；10—双吊钩起重机

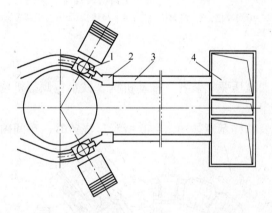

图 2-38　直接水淬的工艺设备配置

1—渣罐；2—流渣槽；3—冲渣槽；4—集渣坑

2.5　浇铸设备

　　铁合金的浇铸方式有砂模浇铸、金属锭模浇铸、浇铸机浇铸和粒化等。生产高碳锰铁、锰硅合金时，常采用铁水直流入砂模进行浇铸的方式，其特点是可以不用铁水包，不用锭模，但劳动条件差，产品表面质量差。锭模浇铸适用于各种铁合金，其特点是产品质量好，铁损少，如炉前浇铸可将锭模直接放在锭模车上。大型电炉趋向使用浇铸机或场地浇铸，机械化程度高，劳动条件较好，铁锭块小便于加工制造，但浇铸质量不如锭模浇铸，铁损大，设备维修量大，浇铸时间较长；而场地浇铸日趋被广泛采用，工艺简单、设备小，不消耗锭模。粒化的特点是简化工艺，节省设备，我国铁合金的粒化产品只有再制铬铁。

2.5.1　带式浇铸机

带式浇铸机分单带式和双带式，按传动方式又分滚轮移动式和固定式两种。带式浇铸机设备配置如图2-39所示。浇铸时，车间内起重机将盛满铁水的铁水包提升至中间溜槽上方，打开铁水包水口使铁水顺着中间溜槽流入运动着的浇注机的锭模中，随着浇铸的进行，铁水逐渐凝固，然后倾翻落入合金料斗。

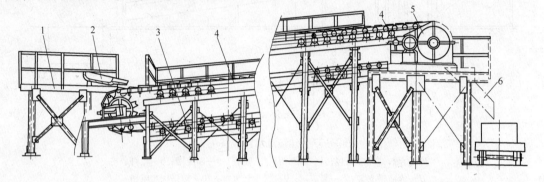

图2-39　带式浇铸机装置

1—操作平台；2—中间流槽；3—浇铸机机架；4—浇铸机；5—传动装置；6—出铁流槽

2.5.2　环式浇铸机

环式浇铸机由机体、液压驱动装置、推动机构、铁水包倾翻机构、锭模、浇铸槽、锭模倾翻机构及喷浆装置组成。

环式浇铸机的组成及结构示意如图2-40所示。浇铸时，车间内起重机将盛满铁水的

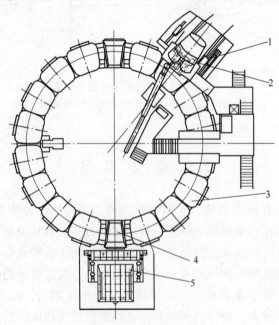

图2-40　环式浇铸机结构示意图

1—铁水包倾翻装置；2—可倾流槽；3—锭模；4—旋转盘；5—翻模装置

铁水包座于倾翻机构上，在推动机构的推动下后倾翻机构升起，铁水经流铁槽流入转盘中的锭模。当锭模浇铸后回转一定角度后通过锭模翻转机构脱模，然后脱模后的锭模再喷浆进行下一次浇铸。

2.6 焙 烧 设 备

铁合金生产所用焙烧设备主要为回转窑和多层焙烧炉。

2.6.1 回转窑

回转窑是对散装料进行加热处理的设备。筒体内有耐火砖衬及换热装置，以低速回转。物料与热烟气一般为逆流换热。物料从窑尾加入，由于窑体倾斜安装，物体在窑内随窑体回转，沿轴向移动。燃烧器在窑头端喷入燃料，烟气由窑尾排出，物料在移动过程中得到加热，发生物理化学变化，烧成物料由窑头卸出。

回转窑根据入窑的物料是否带附着水，分干法窑和湿法窑；按长径比为短窑（$L/D \leqslant 16$）和长窑（$L/D \geqslant 30 \sim 42$）；按直径有无变化分为直筒窑和变径窑；按加热方式分为内热窑与外热窑。多数窑是内热窑，当处理物料为剧毒物或要求烟气浓度大及产品纯度高时，才使用外热式回转窑。铁合金厂也有使用外热式的。外热式一般用电热丝或重油在筒体外对物料进行间接加热；使用固体燃料的较少。

回转窑由窑头、窑体、支撑装置、传动装置和窑尾等几大部分组成，如图 2 - 41 所示。其长度一般为 $38 \sim 40\text{m}$，窑筒外径为 $2.0 \sim 2.4\text{m}$，窑内衬有 $0.2 \sim 0.3\text{m}$ 厚的异形耐火砖，窑体的斜度为 $2\% \sim 4\%$，转速为 $0.25 \sim 1.0\text{r/min}$，窑内最高温度可达 $800 \sim 1300\text{℃}$。

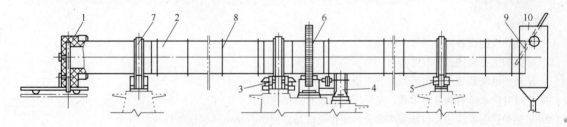

图 2 - 41　回转窑简图
1—窑头；2—窑体；3—带挡轮的支撑装置；4—传动装置；5—支撑装置；
6—大齿圈；7—滚圈；8—加固圈；9—喂料装置；10—窑尾

2.6.2 多层焙烧炉

多层焙烧炉一般用于焙烧黄铁矿、铜和锌的硫化精矿、辉钼精矿以及钒渣等物料。物料焙烧的主要作用是氧化脱硫或氧化焙烧。多层焙烧炉的一般规格为内径 $4.0 \sim 5.4\text{m}$，层数 $6 \sim 16$ 层。它可根据焙烧要求改变内径和层数。用空气冷却中空的中心轴上装有耙臂，每层的耙臂有 $2 \sim 4$ 个，每个耙臂上又装有可更新的 $12 \sim 20$ 个耙齿。中心轴的转数为 $0.6 \sim 1\text{r/min}$。焙烧物料在每层上的厚度为 $30 \sim 150\text{mm}$。图 2 - 42 所示为多层焙烧炉结构简图。

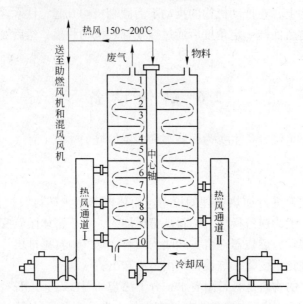

图 2-42   多层焙烧炉结构简图

多层焙烧炉焙烧原料时，从炉顶加入的物料在连续翻动飘落的过程中被上升气流中的氧气氧化，空气从底层或分层导入，尾气从炉顶或分层排出。

多膛炉大多采用煤气燃烧加热，因煤气便于运输，炉温易于控制，而且清洁卫生，利于环保。也可采用重油，但比煤气加热工艺复杂，炉温不好控制。

【思考题】

1. 矿热炉根据设备特点可分为哪几类？

2. 矿热炉主要机械设备有哪些？

3. 矿热炉电极系统主要由哪几部分组成，各部分的作用是什么？

4. 电极升降系统有哪几种形式，电极压放装置有哪些种类？

5. 矿热炉供电系统主要包括哪些部分，工作电流是如何由高压电网到达电极的？

6. 短网必须满足哪些方面的基本要求？

7. 矿热炉设计能力如何计算？

8. 什么是直流矿热炉，与交流矿热炉相比有什么特点？

9. 什么是金属热法，金属热法熔炼炉一般用于哪些铁合金的冶炼？

10. 倾动式电弧精炼炉主要由哪几部分组成？

11. 矿热炉炉顶上料设备有哪些类型，不同类型的特点是什么？

12. 矿热炉捣炉机有哪几种？主要作用是什么？

13. 根据生产规模的不同，矿热炉一般通过哪些设备和过程完成开堵铁口作业？

14. 铁合金的浇铸方式有哪些，各自的特点是什么？

15. 铁合金生产中焙烧设备有哪些？

3 铁合金生产原辅材料

【本章要点】
1. 铁合金生产用各种矿石的成分及主要技术条件；
2. 碳质还原剂的种类及技术要求；
3. 含铁料及金属还原剂的种类及技术要求；
4. 常用电极材料的技术要求；
5. 铁合金炉所用耐火材料。

铁合金生产用原辅材料主要包括矿石、还原剂、含铁料及金属还原剂、造渣材料、电极材料及耐火材料等。由于铁合金产品品种繁多，对各种原辅材料的要求不尽相同。

3.1 矿　石

3.1.1 硅石

硅在自然界中分布较广，主要是以氧化硅和硅酸盐的形态存在。

生产铁合金所用的含氧化硅矿物主要是硅石，其主要成分是 SiO_2。硅石呈块状且致密，断口平整。硅石的孔隙率不大于1.2%，吸水率为0.1% ~ 0.5%，密度为2.65g/cm^3，剧烈膨胀的开始温度不低于1150℃。

硅石是冶炼硅铁、锰硅合金、硅铬合金和工业硅等的主要原料，也是生产多种铁合金的造渣剂和助熔剂。

我国硅石矿资源分布广，部分省份的硅石化学成分见表3-1。

表3-1　我国部分省份的硅石化学成分　　　　　　　　　　　（%）

地　区	化　学　成　分					
	SiO_2	Fe_2O_3	Al_2O_3	CaO	MgO	P_2O_5
湖北蕲春	99.74	0.05 ~ 0.18	0.09 ~ 0.27	0.07 ~ 0.23	0.07 ~ 0.11	0.02
吉林桦甸	99.2	0.14	0.51	0.15		
广西灌阳	99.57	0.09	0.13	0.05		
山东泰安	99.5	0.14	0.27	0.12		
湖北广水	99.47	0.14	0.27	0.12		
河南密县	99.7	0.54	0.116	0.08		

续表 3 - 1

地　区	化　学　成　分					
	SiO_2	Fe_2O_3	Al_2O_3	CaO	MgO	P_2O_5
浙江开化	99.0	0.20	0.15	0.04	0.03	
湖北京山	99.65	0.12	0.03	0.15		

铁合金用硅石牌号及化学成分见表 3 - 2，其中 GST 表示"硅石铁"，即铁合金用硅石，后面的数字为氧化硅的百分含量。生产不同产品对硅石的要求见表 3 - 3。

表 3 - 2　铁合金用硅石牌号及化学成分（YB/T 5268—2007）　　　（%）

牌　号	化　学　成　分				
	SiO_2	Al_2O_3	Fe_2O_3	CaO	P_2O_5
GST99	≥99.0	<0.3	<0.5	<0.15	<0.02
GST98	≥98.0	<0.5	不规定	<0.20	<0.02
GST97	≥97.0	<1.0	不规定	<0.30	<0.03

表 3 - 3　生产不同产品对硅石的要求

生产品种	化学成分/%			块度/mm	备　注
	SiO_2	Al_2O_3	P_2O_5		
工业硅	≥99	≤0.3	≤0.02	40~100	
硅铁	≥98	≤0.5	≤0.02	40~100	
锰硅合金	≥97	≤1.0	≤0.02	10~40	硅石入炉前应水洗，且热稳定性能好，即急剧升温至 900℃ 不得爆裂或粉化
硅铬合金	≥98	≤1.0	≤0.02	20~60	
高碳铬铁	≥97	≤1.0	≤0.02	10~40	
钨铁	≥97		P≤0.01	10~25	

铁合金生产对硅石的要求是：杂质含量要少，机械强度要高、足够的热稳定性、适宜的粒度组成。不宜采用吸水强的硅石。要选用在高温下不完全碎裂，有良好抗爆性的火成岩相形成的硅石。

硅石中的 MgO、CaO、P_2O_5、Al_2O_3 等有害氧化物杂质在冶炼中与 SiO_2 生成炉渣，降低了 SiO_2 的活度，硅石中的磷有 80% 进入合金，氧化物杂质在硅和硅铁冶炼中主要进入渣相，但在高温下有极少量被还原进入合金，如 Al_2O_3。所以要严格控制杂质含量。

3.1.2　锰矿

锰矿是冶炼锰合金的含锰原料。锰矿由含锰矿物和脉石及杂质组成。锰矿中的脉石主要是硅酸盐矿物和碳酸盐矿物，杂质除铁外还有磷、硫、铅、锌及砷等。

我国锰矿富矿少（含锰 30% 以上的成品矿为富锰矿），贫矿多，锰矿化学成分含量相差大、波动大。表 3 - 4 为我国部分产地锰矿的化学成分。

表 3-4　国内部分产地的锰矿化学成分 　　　　　　　　（%）

地 区	化学成分/%									
	Mn	Fe	SiO$_2$	P	CaO	MgO	Al$_2$O$_3$	Pb	Zn	S
广西武鸣	42.18	3.2	18.2	0.15	1.4	0.5	5.1			
湖南湘潭	34.25	3.7	24.8	0.162	10.4	4.33	5.1	0.1	0.2	1.77
贵州遵义	39.73	9.0	3.94	0.041	2.26	0.82	10.76			
广西八一	24.23	13.74	18.68	0.075	0.32	0.14	12.82			

　　含锰较高的氧化锰矿开采出来后（有的经水洗）可直接作为成品矿石。对于含锰量低、杂质含量高的贫锰矿，通过选矿可降低杂质含量，提高锰的含量。碳酸锰矿开采出来后，需要进行焙烧，除去 CO$_2$ 及其他挥发成分后方可作为成品矿石（焙烧矿）。碳酸锰矿的焙烧一般采用竖窑焙烧，用无烟煤作燃料，焙烧温度为 800~1000℃。

　　在冶炼锰合金时，所用锰矿含锰越高，其各项技术经济指标越好。同时在冶炼锰合金时，锰入合金率常随矿含锰量的增加而提高，但铁和磷入合金率则几乎是固定的（铁和磷分别有 95% 和约 75% 进入合金）。因此，为制取含锰不低于规定含量和含磷不超过规定容许含量的锰合金，需对锰矿中铁、磷含量通过锰与铁之比（Mn/Fe）和锰与磷之比（Mn/P）加以限制，具体见表 3-5。锰矿中的 CaO 和 MgO 是有益组分。除冶炼锰硅合金外，锰矿中 SiO$_2$ 含量越低越好。锰矿中的 Al$_2$O$_3$ 对所有锰合金都是无益组分，应加以限制。在冶炼锰合金时，锰矿中的硫仅有约 1% 进入合金，其余的则转入炉渣及挥发，所以对锰矿中硫含量通常都不予限制。锰矿（包括烧结矿和球团矿）的物理性能对冶炼影响较大的是粒度、抗压强度和含水量。通常要求粒度为 5~75mm，抗压强度大于 5MPa，含水量不大于 8%。冶金用锰矿石成分要求见表 3-5，其中 A 类用于冶炼各种锰质铁合金，B 类用于冶炼富锰渣、高锰高磷生铁和镜铁，也可用作锰质铁合金生产调配矿石。

表 3-5　冶金用锰矿石化学成分（YB/T 319—2005）

类别	品级	化 学 成 分								
		Mn/%	A 类 Mn/Fe B 类 Mn+Fe			P/Mn			S/Mn	
			Ⅰ	Ⅱ	Ⅲ	Ⅰ	Ⅱ	Ⅲ	Ⅰ	Ⅱ
A 类	AMn45	≥44.0	≥15	≥10	≥3	≤0.0015	≤0.0025	≤0.0060	≤0.02	≤0.05
	AMn42	40.0~44.0								
	AMn38	36.0~40.0								
	AMn34	32.0~36.0								
	AMn30	28.0~32.0	≥10	≥5	≥2					
	AMn26	24.0~28.0								
	AMn24	22.0~24.0								
B 类	BMn22	≥21.0	≥55	≥45	≥35	≤0.0025	≤0.01	不限	≤0.01	不限
	BMn20	19.0~21.0								
	BMn18	17.0~19.0								
	BMn16	15.0~17.0								

根据我国锰矿资源情况，冶炼锰铁和锰硅合金所用的锰矿，在入炉前必须进行混配，混配后的锰矿技术条件见表3-6。

表3-6　入炉锰矿的技术条件

生 产 品 种		化学成分/%			粒度/mm
		Mn	Mn/Fe	P/Mn	
中低碳锰铁	FeMn83C0.4	≥40	≥7.5	≤0.002	5~50
	FeMn80C0.7	≥37	≥7.0	≤0.002	
	FeMn78C1.0	≥35	≥6.5	≤0.002	
	FeMn75C1.5	≥33	≥6.0	≤0.002	
锰硅合金	Mn65Si20	≥31	≥4.5	≤0.0025	10~80
	Mn60Si17	≥30	≥4.5	≤0.003	
	Mn60Si14	≥30	≥3.5	≤0.0035	
自用锰硅合金	SiMnZ2	≥37	≥7.0	≤0.002	10~80
	SiMnZ3	≥35	≥6.0	≤0.0025	
	SiMnZ4	≥33	≥5.5	≤0.0025	
	SiMnZ5	≥31	≥5.0	≤0.0025	

3.1.3　富锰渣

富锰渣是一种中间产品，主要用作生产锰硅合金、金属锰的原料，也用作生产电炉锰铁和中低碳锰铁以及高炉锰铁的配料。富锰渣牌号及化学成分见表3-7。

表3-7　富锰渣牌号及化学成分（YB 2406—2005）

牌　号	Mn/%	Mn/Fe			P/Mn			S/Mn		
		Ⅰ	Ⅱ	Ⅲ	Ⅰ	Ⅱ	Ⅲ	Ⅰ	Ⅱ	Ⅲ
FMnZh45	≥44.0	≥35	≥25	≥10	≤0.0003	≤0.0015	≤0.003	≤0.01	≤0.03	≤0.08
FMnZh42	40.0~44.0									
FMnZh38	36.0~40.0									
FMnZh34	32.0~36.0									
FMnZh30	28.0~32.0	≥25	≥15	≥8						
FMnZh26	24.0~28.0									

富锰渣块度为5~250mm，其中大于250mm的量不允许超过总量的5%，小于5mm的不允许超过总量的8%；富锰渣中不允许夹杂铁块，富锰渣中的泡沫渣含量不允许超过总量的2%。

冶炼锰硅合金所用富锰渣为 Mn = 35% ~ 45%，Fe < 3%，P < 0.02%，粒度 10 ~ 60mm。

3.1.4　铬矿

自然界中没有纯铬，已发现的近30种含铬矿物中，最主要的为铬尖晶石类矿物。目前有工业利用价值的铬尖晶石矿物有铬铁矿$[(Mg，Fe)O \cdot Cr_2O_3]$、铝铬铁矿$[(Mg,Fe)O \cdot (Cr,Al)_2O_3]$和富铬尖晶石$[FeO \cdot (Cr,Al)_2O_3]$三种，其化学成分见表3-8。

表3-8 三种铬尖晶石矿的化学成分 （%）

类 别	Cr_2O_3	ΣFeO	MgO	Al_2O_3	SiO_2	$Cr_2O_3/(\Sigma FeO)$
铬铁矿	50~60	9~18	10~18	8~18	1.5~20	>2.5
铝铬铁矿	32~50	8~18	12~24	13~20	2~12	>2.5
	32~42	16~22	12~17	14~23	2~8	<2.5
富铬尖晶石	32~38	10~16	12~22	20~27	2~11	>2.5
	32~42	14~21	14~21	20~27	3~8	<2.5

铬铁矿含铬高，颜色为褐黑色，具有金属光泽，面上有绿色或者黄色斑点或者条纹，密度$4.3~4.8g/cm^3$，硬度5.5~7.5。在铁合金工业中，铬铁矿主要用于生产各种铬铁合金和金属铬。生产铬系铁合金要求矿石中Cr_2O_3含量在40%以上。矿石中的铁影响合金的含铬量，因此要求铬铁矿有一定的铬铁比，铬矿中的铬铁比通常以$Cr_2O_3/(\Sigma FeO)$比值表示。同时要求矿石中的MgO和Al_2O_3含量不能过高，硫含量和磷含量低要低。铬矿的物理性能对冶炼影响较大的是粒度、含水量和熔化性。一般要求铬矿粒度为20~100mm。在冶炼微碳铬铁时，要求铬矿含水量小于3%。铬矿的熔化性指铬矿在加热过程中熔化程度的难易。铬矿中铬尖晶石晶粒大、MgO/FeO比值大、MgO加Al_2O_3数量多以及组成铬矿的脉石矿物熔点高相应地矿石难熔，反之则易熔。为了获得较好的技术经济指标要求铬矿的熔化性要好。

生产各种铬铁合金及金属铬对铬铁矿的具体要求见表3-9。

表3-9 铬铁矿的技术条件

生产品种	化学成分/%						水分	使用块度/mm
	Cr_2O_3	FeO	SiO_2	MgO	Al_2O_3	P		
高碳铬铁、硅铬合金	≥40	≥2	≤18			≤0.03	≤5	<50
中低碳铬铁	≥45	≥2	≤5	≤15		≤0.03	≤5	<50
微碳铬铁	≥48	≥2	≤5	≤15		≤0.03	≤5	<50
金属铬	≥38	≥2	≤12		≤10			

3.1.5 钼精矿

钼是稀有金属元素，在地球上的含量约为$2×10^{-4}$%。钼矿主要有辉钼矿（MoS_2，钢灰色，密度$4.7~5g/cm^3$，硬度1）、钼酸铅矿（$PbMoO_4$，有各种颜色，如灰黄、橙黄、白色等，密度$6.7~7g/cm^3$，硬度3，有光泽）、钼酸钙矿（$CaMoO_4$，淡黄色，密度$4.3~4.5g/cm^3$，硬度3.5）三种类型。

由于钼矿中钼含量一般只有千分之几，因此开采出来的钼矿必须富集后才能使用。富集后的钼矿称为钼精矿。富集方法有重选法和浮选法，而浮选法是富集钼的最有效的方法。

经浮选生产的钼精矿，按钼含量不同分为五个牌号，其牌号、化学成分及推荐用途见表 3 - 10。

表 3 - 10　钼精矿牌号、化学成分及推荐用途（YS/T 235—2007）

牌号	Mo/%	杂质/%							推荐用途
		SiO_2	As	Sn	P	Cu	Pb	CaO	
KMo - 57	≥57.00	≤2.0	≤0.01	≤0.01	≤0.01	≤0.10	≤0.10	≤0.50	用于生产钼化工产品
KMo - 53	≥53.00	≤6.5	≤0.01	≤0.01	≤0.01	≤0.15	≤0.10	≤1.50	用于生产钼化工产品和钼金属加工产品
KMo - 51	≥51.00	≤8.0	≤0.01	≤0.02	≤0.01	≤0.20	≤0.10	≤1.80	用于生产工业三氧化钼、钼铁合金及钼酸盐
KMo - 49	≥49.00	≤9.0	≤0.01	≤0.02	≤0.02	≤0.22	≤0.10	≤2.20	用于生产工业三氧化钼和钼铁合金
KMo - 47	≥47.00	≤9.0	≤0.01	≤0.02	≤0.02	≤0.02	≤0.10	≤2.70	用于生产工业三氧化钼和钼铁合金

3.1.6　钛铁矿

钛矿矿床可分为原生矿床和砂矿床两大类。原生矿床主要为钛铁矿 [$FeO \cdot TiO_2$]，铁以二价状态存在，FeO 含量较高，固溶有镁、钙、钒、铝、硅等杂质，结构致密，用选矿方法不易将 TiO_2 与其他杂质分离，所以精矿品位低。砂矿矿床是由原生矿经风化（氧化）而产生的，如氧化砂矿经自然风化，氧化后部分铁已流失，使 TiO_2 含量富集。这种砂的特点是 TiO_2 含量高、铁含量低。矿中铁以三价为主，自然粒度粗，结构松散，密度小（4.13g/cm^3），颗粒表面积大。钛铁砂矿中 TiO_2 含量为 50% 左右。

我国是钛资源丰富的国家，原生矿主要分布在四川攀西地区。钛铁砂矿主要分布在广东、广西、云南。金红石主要分布在湖北、山西。我国主要钛矿成分见表 3 - 11。

表 3 - 11　我国主要钛矿产地及成分　　　　　　　　（%）

产地	化学成分										
	TiO_2	ΣFe	FeO	SiO_2	CaO	MgO	NaO	Al_2O_3	S	P	C
北海钦州矿	52.35	32.67	38.86	0.68			1.73	0.45	0.01	0.03	
广西苍梧矿	50.38	35.26	40.39	1.03	0.25	0.73	2.67	0.16	0.014	0.03	0.05
海南文昌矿	50.77	33.65	35.17	0.94	0.38	0.10	2.31	0.04	0.01	0.028	
广东湛江矿	51.76	30.29	24.40	0.82	0.34	0.05	2.66	0.79	0.01	0.017	0.05
攀枝花矿	46.93	31.48	40.5	2.00	0.90	4.56	0.73	0.91	0.37	0.010	
承德钛矿	44.91	33.78	41.05	2.10	0.79						

经选矿富集的钛铁矿精矿主要供生产高钛渣、金红石、钛白的等使用。产品共分六个等级，其成分（质量分数）应符合表 3 - 12 的规定（以干矿品位计算）。

表 3 – 12　钛铁矿精矿级别和成分（YS/T 351—2007）

产品级别	TiO_2/%	杂质含量/%		粒度要求
		CaO + MgO	P	
一级	≥52	≤0.5	≤0.030	
二级	≥50	≤1.0	≤0.050	120～40 目（相当于 149～420μm）的部分应不小于 75%，粒度小于 200 目（相当于 74μm）的部分不能超过 10%
三级 A	≥49	≤1.5	≤0.050	
三级 B	≥48	≤2.0	≤0.050	
四级	≥47	≤2.5	≤0.050	
五级	≥46	≤1.0	≤0.050	

3.1.7　镍矿

镍在地壳中的含量不多，占第 24 位。镍矿可分为硫化矿和氧化矿。

硫化矿中含有主要呈镍黄铁矿（FeNi）$_9S_8$ 形式的镍，并含有大量的磁铁矿、相当数量的黄铜矿、不同数量的钴和铂族的贵金属。成分含量是：Ni 0.4%～3%，Cu 0.2%～2%，Fe 10%～35%，S 5%～25%，其余主要是 SiO_2、Al_2O_3、MgO 和 CaO。

氧化矿也称红土矿，含有大量的镁和铁以及少量的镍。最常见的是硅镁镍矿（Ni，Mg）$_6$Si – HO$_{10}$（OH）$_8$，其成分范围为：Ni 2%～3%，Co 0.1%，Cr_2O_3 2%～3%，MgO 20%～25%。另外还有褐铁矿，其成分范围为：Ni 1.2%～1.4%，CO 0.1%～0.2%，Cr_2O_3 3%，Fe 35%～50%。氧化矿一般制粒后在矿热炉中熔炼镍铁。

3.1.8　赤铁矿

赤铁矿化学式为 Fe_2O_3，理论含铁量为 70%。赤铁矿有 $\alpha – Fe_2O_3$ 和 $\gamma – Fe_2O_3$ 两种晶型。常温下无磁性，在一定温度下，当 $\alpha – Fe_2O_3$ 转变为 $\gamma – Fe_2O_3$ 时便具有磁性。色泽为赤褐色到暗红色，由于其硫、磷含量低，还原性较磁铁矿好，是优良原料。赤铁矿的熔融还原温度为 1580～1640℃。

冶炼钼铁、钛铁及硼铁用赤铁矿的技术条件见表 3 – 13。

表 3 – 13　赤铁矿的技术条件

生产品种	化学成分/%						杂质含量	粒度/mm
	TFe	FeO	SiO_2	S	P	C		
钼铁	≥66			≤0.05	≤0.05	≤0.3		<3
钛铁	≥64	≤10	≤7	≤0.05	≤0.02	≤0.1	≤6	<1
硼铁	≥65			≤0.05	≤0.01			<3

3.1.9　钒铁矿及钒渣

自然界中钒主要与其他矿物形成共生矿或复合矿，主要的含钒矿物有 3 种：钒钛磁铁矿 [FeO·V_2O_3] 形态存在，矿中含钒 0.2%～1.5%，是主要的提钒矿物；钾钒铀矿 [$K_2O·2UO_3·V_2O_5·(1～3)H_2O$]，呈浅黄色或浅绿色，含 $V_2O_5$20.16%，在提铀时可制

得 V_2O_5；石油伴生矿，即原油中伴生。

我国钒储量十分丰富，主要为钒钛磁铁矿。四川攀枝花地区是我国最大的钒矿产地，其次还有河北承德、安徽马鞍山等地。我国部分产地钒精矿的化学成分见表 3-14。

表 3-14　我国部分产地钒精矿的化学成分　　　　　　　　　　（%）

产　　地	Fe#	FeO	V_2O_5	TiO_2	MnO	SiO_2	Al_2O_3	CaO	P	S
攀枝矿	55.7	24.06	0.64	15.10	0.37	1.41	2.84	0.39	0.011	0.023
承德矿	60.5	27.44	0.74	8.01	—	2.87	3.50	0.31	0.01	0.058

钒渣是对含钒铁水在提钒过程中经氧化吹炼得到的或含钒铁精矿经湿法提钒所得到的含氧化钒的渣子的统称。钒渣是冶炼和制取钒合金和金属钒的原料。

钒渣按五氧化二钒品位分为 4 个牌号，其化学成分应符合表 3-15 的规定。钒渣粒度不大于 20mm。钒渣中的金属铁含量不大于 19%。钒渣入窑焙烧前，应经过破碎、筛分、磁选。选后的钒渣称为"钒精渣"。要求钒精渣的金属铁含量小于 5%，粒度小于 120 目（相当于 149μm）的占 70% 以上。

表 3-15　钒渣牌号及化学成分（YB/T 008—2006）

牌　号	化学成分（质量分数）/%							CaO/V_2O_5		
	V_2O_5	SiO_2			P					
		一级	二级	三级	一级	二级	三级	一级	二级	三级
FZ1	8.0~10.0	≤16.0	≤20.0	≤24.0	≤0.13	≤0.30	≤0.50	≤0.11	≤0.16	≤0.22
FZ2	>10.0~14.0									
FZ3	>14.0~18.0									
FZ4	>18.0									

3.2　碳质还原剂

碳质还原剂种类较多，性能各异。常用的碳质还原剂有：冶金焦、石油焦、沥青焦、气煤焦、低温焦、半焦、褐煤焦、无烟煤、烟煤、褐煤、木炭、木屑、木块等，其中烟煤、无烟煤、褐煤是从自然界开采得来的，其余都是经过干馏过程制得的。

不同铁合金品种对碳质还原剂的要求不同。一般对碳质还原剂要求是：固定碳大于80%，灰分小于 16%，水分含量稳定，电阻率高。固定碳高，所需还原剂总量少，相应地带入灰分少，杂质少，炉料电阻率高，利于电极下插。灰分高，会增加渣量，耗电多，且合金中杂质高。水分过高，蒸发水分消耗热量过多，电耗高。还原剂的电阻率对炉料电阻率起着决定性的作用，还原剂的种类不同，其电阻率值及其他物理性能差距很大，其物理性质又与生产还原剂的原料、工艺、成形温度、压力等有关。

3.2.1　冶金焦炭

冶金焦炭是生产铁合金时用量最多的一种还原剂，通常由主焦煤、气煤、肥煤和瘦煤以一定比例混配在焦炉中生产。生产不同铁合金产品时对冶金焦炭的技术要求见表3-16。

表3-16 生产不同铁合金产品对冶金焦炭的技术要求

生产品种	成分/%					水分/%	块度/mm
	固定碳	灰分	挥发分	P	S		
硅铁	≥84	≤15	≤2				5~18
锰硅合金	≥82	≤15		≤0.02			5~25（其中<5的不超过30%）
碳素锰铁	≥82	≤15		≤0.06			
碳素铬铁	≥82	≤15			≤0.6		
硅铬合金	≥84	≤15	≤2				5~18
硅钙合金	≥80	≤15	≤2				3~10（其中<3的不超过10%）
磷铁	≥80	≤15	≤4			2	3~15

3.2.2 气煤焦

气煤焦是冶炼硅钙合金及硅铁合金常用的碳质还原剂。冶炼硅钙合金及硅铁合金对气煤焦的要求是：固定碳≥82%，灰分≤16%，S<1%，P<0.04%，气孔率≥42%，电阻率>2000$\Omega\cdot mm^2/m$，块度因铁合金品种而异，对硅钙合金为3~10mm，硅铁5~18mm。

3.2.3 烟煤

烟煤是变质程度较低、挥发分高、电阻率大、烧结性好、灰分较高的煤。冶炼铁合金对烟煤的要求是：固定碳≥60%，灰分≤15%，挥发分≤23%，入炉水分<10%，块度根据具体的铁合金品种确定。

3.2.4 木炭

木炭是用木材在350~450℃用窑烧法和干馏法制取的含碳还原剂，其主要成分是碳，灰分很低（<10%），热值约30.3MJ/kg，电阻率较大（一般大于8000$\mu\Omega\cdot m$），化学活性好。

木炭主要用于硅钙合金和工业硅的生产中，其技术要求为：固定碳≥75%，灰分≤5%，挥发分≤20%，水分<5%，块度20~60mm，不得混有生烧木块及泥土等杂质。

3.3 含铁料及金属还原剂

3.3.1 钢屑

冶炼铁合金用钢屑应为碳素钢屑，其技术要求见表3-17。

表 3 - 17 钢屑的技术要求

生产品种	化学成分/%						其 他 要 求
	Fe	P	S	C	Mn	Si	
45%硅铁	≥95						必须用碳素钢屑不得混有有色金属、铁块、合金钢及其他杂质;钢屑入炉长度应根据产品确定,一般不大于 100mm,最好破碎至 30~50mm
25%硅铁	≥95						
硅铬合金	≥95						
磷铬	≥95						
钨铁	≥95	≤0.035	≤0.05	≤0.8	≤0.8		
钒铁	≥98	≤0.035	≤0.04	≤0.5	≤0.4	≤0.37	
钼铁	≥98	≤0.045	≤0.045	≤0.3			同上,并应焙烧,以去除油质及水分

3.3.2 铁鳞

铁鳞又称氧化铁皮、氧化皮,是在钢材加热和轧制过程中,由于表面受到氧化而形成氧化铁层,剥落下来的鱼鳞状物。冶炼硅铁及硼铁常采用铁鳞做原料,其技术要求为:$TFe \geq 65\%$,$SiO_2 \leq 2.5\%$,$S \leq 0.05\%$,$P \leq 0.015\%$,$C \leq 0.05\%$,粒度 3~5mm。

3.3.3 铁矿球团、铁鳞球团

铁矿球团是将各种铁精矿或磨细的天然矿配以水和黏结剂做成生球,再经高温或低温焙烧制成的球团矿。铁鳞球团是将铁鳞加适当的黏结剂压制成生球,并经焙烧成的球团矿。冶炼硅铁用铁矿球团及铁鳞球团的技术要求见表 3 - 18。

表 3 - 18 铁矿球团及铁鳞球团的技术要求

种类（项目）	化学成分/%							粒度/mm
	TFe	Al_2O_3	P	S	CaO	MnO	Cr_2O_3	
铁矿球团	>65	<1.2	<0.01	<0.01	1.65	0.17	0.10	8~30,<8 的小于 5%
铁鳞球团	>65	<1.2	<0.01	<0.05	0.4~0.7	0.6	0.10	8~50,<8 的不得大于 5%

3.4 造渣材料

3.4.1 石灰

石灰的主要成分是 CaO,是由石灰石在竖窑或回转窑内用煤油、煤气煅烧而成的。生产不同铁合金产品时对石灰的技术要求见表 3 - 19。

表 3 - 19 生产不同产品对石灰的技术要求

生产品种	化学成分/%						其他要求	块度/mm
	CaO	P	Fe_2O_3	S	C	SiO_2		
锰硅合金	≥80	≤0.05					不得混有杂物	<60（其中粉末 <20%）
高碳锰铁	≥80	≤0.05					不得混有杂物	<50（其中粉末 <10%）

生产品种	化学成分/%						其他要求	块度/mm
	CaO	P	Fe_2O_3	S	C	SiO_2		
硅钙合金	≥85		≤0.6				不得混有石灰石及杂物	20 ~ 50
中低碳锰铁	≥85	≤0.02				≤3		<60（其中粉末<5%）
中低碳铬铁	≥85	≤0.02				≤3		<50（其中粉末<10%）
微碳铬铁	≥85	≤0.02				≤3	不得混有生烧或过烧的石灰石和碳质夹杂	5 ~ 40
金属锰	≥85		≤0.6		≤0.03			5 ~ 50
钒铁	≥85	≤0.015		≤0.02	≤0.04	≤2		30 ~ 50
硅热法金属铬	≥85			≤0.02				块状
钼铁	≥90						灼减<5%，水分<3%	<5
钛铁	≥85				≤0.04	≤2		<2

3.4.2 石灰石

石灰石的主要成分是碳酸钙（$CaCO_3$），主要用于生产冶金石灰。冶金用石灰石按矿床类型分为普通石灰石（PS）和镁质石灰石（GMS）两类。石灰石产品的化学成分应符合表 3 - 20 的规定。生产不同产品对石灰石的技术要求见表 3 - 21。

表 3 - 20　石灰石的化学成分（YB/T 5279—2005）

类　别	等级	化学成分/%					
		CaO	CaO + MgO	MgO	SiO_2	P	S
普通石灰石	PS540	≥54.0			≤1.0	≤0.005	≤0.025
	PS530	≥53.0			≤1.5	≤0.010	≤0.080
	PS520	≥52.0		≤3.0	≤2.2	≤0.020	≤0.100
	PS510	≥51.0			≤3.0	≤0.030	≤0.120
	PS500	≥50.0			≤4.0	≤0.040	≤0.150
镁质石灰石	GMS545		≥54.5		≤1.0	≤0.005	≤0.025
	GMS540		≥54.0		≤1.5	≤0.010	≤0.080
	GMS535		≥53.5	≤8.0	≤2.2	≤0.020	≤0.100
	GMS525		≥52.5		≤2.5	≤0.030	≤0.120
	GMS515		≥51.5		≤3.0	≤0.040	≤0.150

表 3 - 21　生产不同产品对石灰石的技术要求

生产品种	化学成分/%				块　　度
	$CaCO_3$	$MgCO_3$	SiO_2	P_2O_5	
金属铬	≥95	—	≤1	—	-180 目（<0.0834mm）占85%以上
高炉锰铁	≥90	—	≤3	≤0.04	10 ~ 30mm

3.4.3 白云石

白云石化学成分为 $CaMg(CO_3)_2$，晶体属三方晶系的碳酸盐矿物。生产不同铁合金产品对白云石的技术要求见表 3-22。

表 3-22　生产不同产品对白云石的技术要求

生产品种	化学成分/%				块度/μm
	$CaCO_3$	$MgCO_3$	SiO_2	P_2O_5	
金属铬	50~60	≥40	≤1	≤0.07	<0.0834
锰铁、铬铁	50~60	≥40	≤5	≤0.04	10~30

3.4.4 萤石

萤石的主要成分是 CaF_2，杂质含有 SiO_2、Al_2O_3。有黄、绿、黑、玫瑰等多种颜色的结晶，密度约 $3.2g/cm^3$。熔点1418℃，熔化温度约为935℃。生产不同铁合金产品对萤石的技术要求见表 3-23。

表 3-23　生产不同产品对萤石的技术要求

生产品种	化学成分/%			粒度/mm	备　注
	CaF_2	P	S		
钨铁	≥85	≤0.02	≤0.05	≤30	
钼铁	≥90	≤0.05	≤0.05	≤5	
铌铁	≥90	≤0.02	≤0.05	≤5	
其他	≥85		≤0.05	根据炉子大小决定	用于洗炉或炉渣稀释剂

3.5　电极材料

3.5.1 电极种类及选用

电极的作用是导电并将电能转换成热能。电极按其用途及制作工艺分为碳素电极、石墨电极和自焙电极三种。

碳素电极是以低灰分的无烟煤、冶金焦、沥青焦和石油焦为原料，按一定的比例和粒度组成，混合时加入黏结剂沥青和焦油，在适当的温度下搅拌均匀后压制成型，最后再焙烧炉中缓慢焙烧制得。

石墨电极是以石油焦和沥青焦为原料制成碳素电极，再放到温度为 2000~2500℃ 的石墨化电阻炉中，经石墨化而制得。

自焙电极用无烟煤、焦炭、沥青和焦油为原料，在一定温度下制成电极糊，然后把电极糊装入已安装在电炉上的电极壳中，在电炉生产过程中依靠电流通过时所产生的焦耳热和炉内传热，自行烧结焦化。这种电极可连续使用，边使用边接长边烧结成型，且可烧成大直径的。

三种电极的主要技术性能见表 3-24。

表 3-24 电极性能参数

性 能	石墨电极	碳素电极	自焙电极（焙烧后）
假密度/g·cm^{-3}	1.55~1.7	>1.56	1.45~1.55
真密度/g·cm^{-3}	2.21~2.25	>2.0	1.85~1.95
孔隙度/%	24~30	20~28	<20
电阻率/Ω·cm	(6~12)×10^{-4}	(40~70)×10^{-4}	(55~80)×10^{-4}
线膨胀系数(293~1273K)/K^{-1}	(1.5~2.8)×10^{-6}	≤3.5×10^{-6}	5×10^{-6}
热导率(293K)/kJ·(h·K)$^{-1}$	418~670	25.1~104.7	25.1~418
抗压强度/MPa	20~45	≥30	25~35
抗弯强度/MPa	6.5~25	≥6.0	5~10
抗拉强度/MPa	3.5~17.5	约2.5	3~5
灰分含量/%	<0.5	<1.0	4~6

自焙电极制作工艺简单，成本低，在铁合金生产中广泛使用。通常用于生产硅铁、硅铬合金、硅锰合金、高碳锰铁、中低碳锰铁、高碳铬铁、中低碳铬铁、硅钙合金、钨铁等。自焙电极容易使合金增碳，电极壳铁皮也容易使合金带入铁，所以生产含碳很低的铁合金及纯金属，如微碳铬铁、工业硅、硅铝合金、金属锰等采用碳素电极或石墨电极。

3.5.2 电极糊

电极糊是供给铁合金炉、电石炉等电炉设备使用的导电材料。用电极糊制成的连续自焙电极工作电流密度较低，一般为 3~6A/cm^2，其导电性能与石墨电极或炭电极相比相差较大。生产电极糊的主要原料是无烟煤和冶金焦。电极糊包括密闭糊、标准电极糊、化工电极糊，分别用于封闭式、敞口式和半封闭式矿热炉自焙电极使用。电极糊用铸块机铸成梯形块。每块重量不大于 15kg。供货时每批允许直径小于 50mm 的碎糊量不超过 3%。

电极糊的理化指标应符合表 3-25 的规定。

表 3-25 电极糊的理化指标 （YB/T 5215—1996）

项目/种类	密闭糊		标准电极糊			化工电极糊
	1 号	2 号	1 号	2 号	3 号	
灰分/%	≤4.0	≤6.0	≤7.0	≤9.0	≤11.0	≤11.0
挥发分/%	12.0~15.5	12.0~15.5	9.5~13.5	11.5~15.5	11.5~15.5	11.0~15.5
抗压强度/MPa	≥18.0	≥17.0	≥22.0	≥21.0	≥20.0	≥18.0
电阻率/μΩ·m	≤65	≤75	≤80	≤85	≤90	≤90
体积密度/g·cm^{-3}	≥1.38	≥1.38	≥1.38	≥1.38	≥1.38	≥1.38
伸长率/%	5~20	5~20	5~30	15~40	15~40	5~25

3.5.3　石墨电极

石墨电极因制作原料不同，使用时通过的电流密度不同有普通功率石墨电极，高功率石墨电极及超高功率石墨电极之分。铁合金精炼炉所用石墨电极通常为普通功率石墨电极，是以优质石油焦、沥青焦等为主要原料，经成型、焙烧、石墨化和机械加工制成。衡量石墨电极质量的主要指标有电阻率、体积密度、机械强度、线膨胀系数、弹性模量等。普通功率石墨电极和接头理化指标应符合表 3 – 26 的规定，电极的电流负荷建议见表 3 – 27。

表 3 – 26　普通功率石墨电极和接头理化指标（YB/T 4088—2000）

项　　目		公称直径/mm							
		75 ~ 130		150 ~ 225		250 ~ 300		350 ~ 500	
		优级	一般	优级	一般	优级	一般	优级	一般
电阻率/$\mu\Omega \cdot m$	电极	≤8.5	≤10.0	≤9.0	≤10.5	≤9.0	≤10.5	≤9.0	≤10.5
	接头	≤8.5		≤8.5		≤8.5		≤8.5	
抗折强度/MPa	电极	≥9.8		≥9.8		≥7.8		≥6.4	
	接头	≥13.0		≥13.0		≥13.0		≥13.0	
弹性模量/GPa	电极	≤9.3		≤9.3		≤9.3		≤9.3	
	接头	≤14.0		≤14.0		≤14.0		≤14.0	
体积密度/$g \cdot cm^{-3}$	电极	≥1.58		≥1.52		≥1.52		≥1.52	
	接头	≥1.63		≥1.63		≥1.68		≥1.68	
热膨胀系数/$℃^{-1}$（100 ~ 600℃）	电极	≤2.9×10^{-6}		≤2.9×10^{-6}		≤2.9×10^{-6}		≤2.9×10^{-6}	
	接头	≤2.7×10^{-6}		≤2.7×10^{-6}		≤2.8×10^{-6}		≤2.8×10^{-6}	
灰分/%		≤0.5		≤0.5		≤0.5		≤0.5	

表 3 – 27　普通功率石墨电极的电流负荷建议（YB/T 4088—2000）

公称直径/mm	允许电流负荷/A	电流密度/$A \cdot cm^{-2}$
75	1000 ~ 1400	22 ~ 31
100	1500 ~ 2400	19 ~ 30
130	2200 ~ 3400	17 ~ 26
150	3000 ~ 4500	17 ~ 26
200	5000 ~ 6900	15 ~ 21
250	7000 ~ 10000	14 ~ 20
300	10000 ~ 13000	14 ~ 18
350	18000 ~ 18500	14 ~ 18
400	18000 ~ 23500	14 ~ 18
450	22000 ~ 27000	13 ~ 17
500	25000 ~ 32000	13 ~ 16

3.6 耐 火 材 料

铁合金电炉耐火材料包括炉顶耐火材料、炉墙耐火材料和熔池耐火材料（炉坡和炉底）三部分。在铁合金冶炼过程中，不同部分的耐火材料处于不同的工作状态。

炉顶耐火材料主要承受高温炉气和喷附炉渣的侵蚀冲击作用；加料间歇间的温度变化和高温弧光的辐射热；塌料时的气流冲击及压力变化。

炉墙耐火材料主要承受电弧的高温辐射作用和加料间歇期间的温度变化；高温炉气和喷附炉渣的侵蚀冲击作用；固体料和半熔料的冲击磨损作用；渣线附近严重的渣蚀和渣冲击作用。此外，在炉体倾动时，还承受额外的压力。

炉坡和炉底耐火材料主要承受上层炉料或铁水的压力；加料间歇期间的温度变化、炉料冲击和弧光熔损作用；高温铁水和熔渣的侵蚀冲击作用。

为了保证电炉能够正常工作，必须选用耐火度和荷重软化温度高，耐急冷热性和抗渣性好，有较大热容量和一定导热性能的耐火材料来砌筑电炉炉衬。

铁合金生产中经常选用的炉衬耐火材料的性能和使用特点如下。

3.6.1 黏土砖

制造黏土砖的主要原料是具有良好塑性和结合力的耐火黏土。

黏土砖的主要性能特点是：对酸性渣的抵抗能力较强，有较好的耐急冷急热性，有良好的保温能力和一定的绝缘性能；耐火度和荷重软化温度较低。黏土砖不宜直接在高温条件和特殊要求情况下使用。

在铁合金生产中，黏土砖主要用于砌筑矿热炉暴露部位的炉墙炉衬，起保温和绝缘作用的炉墙和炉底外层炉衬或用于砌筑铁水包内衬。

3.6.2 高铝砖

制造高铝砖的主要原料是高铝矾土，黏结剂为耐火黏土。

与黏土砖相比，高铝砖的最大优点是耐火度、荷重软化温度高，抗渣性好，机械强度大。缺点是高铝砖的耐急冷急热性不好。

在铁合金生产中，高铝砖可用于砌筑矿热炉出铁口衬砖，精炼电炉炉顶，也可以用于砌筑铁水包内衬。

3.6.3 镁砖和镁砂

制造镁砖的主要原料是菱镁矿，黏结剂为水和卤水或亚硫酸盐纸浆废液。

镁砖的主要性能特点是：耐火度高，对碱性渣有极好的抵抗能力；但是导热系数和高温下的导电系数较大，而且荷重软化温度较低，耐急冷急热性较差。在高温下受水或蒸汽作用时发生粉化。

在铁合金生产中，镁砖用于砌筑高碳铬铁还原电炉、中低碳铬铁转炉、摇炉及精炼电炉的炉墙、炉底和盛放铬铁及中低碳锰铁的铁水包内衬等。用镁铝砖代替镁砖砌筑炉顶。

镁砂的耐火度很高，在铁合金生产中，镁砂常用于打结炉底，制作并修补炉墙、炉底，并可作为堵眼或制作打结锭模用材料。

3.6.4 炭砖

制造炭砖的主要原料是碎焦炭和无烟煤，黏结剂是煤焦油或沥青。

炭砖与其他普通耐火材料相比，不仅抗压强度大，热膨胀系数小，耐磨性好，耐火度和荷重软化温度高，耐急冷急热性好，而且抗渣性特别好。因此，凡是冶炼不怕渗碳的铁合金品种，都可以采用炭砖作为矿热炉炉衬材料。

但炭砖在高温条件下极易氧化，而且其导热系数和导电系数都较大，在铁合金生产中，炭砖主要用于砌筑矿热炉不暴露于空气部分的炉墙、炉底。

常用耐火材料的性能见表 3-28。

表 3-28 常用耐火材料的主要性能

材料名称	耐火度/K	荷重软化开始温度 (0.2MPa 时)/K	常温耐压强度/MPa	密度 /g·cm⁻³	主要化学成分/%	抗渣性		耐急冷急热性
						碱	酸	
硅砖	1963~1983	1893~1913	17.5~20.0	1.8~2.0	SiO_2 >94.5	不好	好	合格
黏土砖	1883~2003	1523~1573	12.5~15.0	1.8~1.9	Al_2O_3 30~45 SiO_2 50~65	不好	合格	合格
高硅砖	2023~2063	1693~1773	40.0	2.3~2.75	Al_2O_3 48~75	好	合格	好
镁砖	2273	1773	35.0~40.0	2.6	CaO 3.0 MgO 85	好	不好	不好
铬镁砖	2123	1743~1793	15.0~20.0	2.6	Cr_2O_3 8~12 MgO 48~55	好	合格	合格
炭砖	>2273	2073	25.0	1.55~1.65	C >92	合格	不好	好
碳化硅砖	>2273	1923~2073	50.0	2.4	SiC 82.5~96.0	不好	合格	好
焦粉	易氧化	3773 升华		0.6~0.8	C >9.5			好

【思考题】

1. 铁合金生产主要使用哪些原辅料？
2. 铁合金冶炼对硅石的要求是什么？
3. 铁合金冶炼对铬矿的要求是什么？
4. 铁合金生产对锰矿的技术要求是什么？
5. 铁合金生产常用碳质还原剂有哪些？
6. 冶炼铁合金用含铁料主要有哪些，作用是什么？
7. 铁合金生产中的常见造渣材料有哪些，要求是什么？
8. 铁合金生产中的电极材料有哪些，如何选用？
9. 铁合金电炉炉衬耐火材料有哪些，各自的特点是什么？

4 铁合金生产工艺

【本章要点】

【本章要点】

1. 常见铁合金（硅铁、工业硅、硅钙合金、锰铁、铬铁、硅铬合金、钼铁、钒铁、镍铁、钛铁、钛渣、稀土铁合金）冶炼原理、生产用原料、冶炼工艺、配料计算方法；
2. 常见铁合金产品的节能措施；
3. 常见铁合金产品的生产技术指标及原辅材料消耗。

4.1 硅　　铁

硅铁是硅与铁形成的合金，是铁合金工业产量和用量最大的产品。早在 1875 年，法国即成功在高炉中制得了含硅 10% ~18% 的硅铁。1899 年，美国第一个用电炉炼制了含硅 25% ~50% 的硅铁。

4.1.1 硅铁的用途、牌号及生产方法

硅铁是铁合金工业最早的和最主要的产品之一，在炼钢工业、铁合金工业、铸铁工业以及其他工业部门有着相当广泛的应用。主要包括：

（1）在炼钢工业中用作脱氧剂和合金剂。硅和氧之间的化学亲和力很大，炼钢中硅铁是最主要的脱氧剂。在钢中添加一定数量的硅，能显著提高钢的强度、硬度和弹性，因而常将硅铁作为合金剂使用。此外，利用硅铁粉在高温下燃烧放热，可作为钢锭帽发热剂使用以提高钢锭的质量和回收率。

（2）在铸铁工业中用作孕育剂和球化剂。在铸铁中加入一定量的硅铁能阻止铁中形成碳化物、促进石墨的析出和球化，因而在球墨铸铁生产中，硅铁作为一种重要的孕育剂和球化剂。

（3）铁合金生产中用作还原剂。高硅硅铁的含碳量很低，因此，高硅硅铁（或硅质合金）是铁合金工业中生产低碳合金时比较常用的一种还原剂。

（4）在其他方面的用途。磨细或雾化处理过的硅铁粉，在选矿工业中作为悬浮相。在焊条制造业中可作为焊条的涂料。高硅硅铁在化学工业中可用于制造硅酮等产品。

其中，炼钢工业、铸铁工业和铁合金工业共消耗约 90% 以上的硅铁，应用最广泛的是 FeSi75。每生产 1t 钢大约消耗 FeSi75 3 ~5kg。

硅铁的牌号很多，多以硅含量的高低来划分。我国硅铁牌号及化学成分见表 4 - 1。我国大量生产的是 FeSi75，也生产少量的硅 65 和硅 45。

表 4 - 1　硅铁牌号及化学成分（GB 2272—2009）　　　　　（%）

牌　号	化学成分（质量分数）												
	Si	Al	Ca	Mn	Cr	P	S	C	Ti	Mg	Cu	V	Ni
FeSi90Al1.5	87.0~95.0	≤1.5	≤1.5	≤0.4	≤0.2	≤0.040	≤0.020	≤0.20					
FeSi90Al3.0	87.0~95.0	≤3.0	≤1.5	≤0.4	≤0.2	≤0.040	≤0.020	≤0.20					
FeSi75Al 0.5 - A	74.0~80.0	≤0.5	≤1.0	≤0.4	≤0.3	≤0.035	≤0.020	≤0.10					
FeSi75Al 0.5 - B	72.0~80.0	≤0.5	≤1.0	≤0.5	≤0.5	≤0.040	≤0.020	≤0.20					
FeSi75Al 1.0 - A	74.0~80.0	≤1.0	≤1.0	≤0.4	≤0.3	≤0.035	≤0.020	≤0.10					
FeSi75Al 1.0 - B	72.0~80.0	≤1.0	≤1.0	≤0.5	≤0.5	≤0.040	≤0.020	≤0.20					
FeSi75Al 1.5 - A	74.0~80.0	≤1.5	≤1.0	≤0.4	≤0.3	≤0.035	≤0.020	≤0.10					
FeSi75Al 1.5 - B	72.0~80.0	≤1.5	≤1.0	≤0.5	≤0.5	≤0.040	≤0.020	≤0.20					
FeSi75Al 2.0 - A	74.0~80.0	≤2.0	≤1.0	≤0.4	≤0.3	≤0.035	≤0.020	≤0.10					
FeSi75Al 2.0 - B	72.0~80.0	≤2.0	—	≤0.5	≤0.5	≤0.040	≤0.020	≤0.20					
FeSi75 - A	74.0~80.0	—	—	≤0.4	≤0.3	≤0.035	≤0.020	≤0.10					
FeSi75 - B	72.0~80.0	—	—	≤0.5	≤0.5	≤0.040	≤0.020	≤0.20					
FeSi65	65.0~72.0	—		≤0.6	≤0.5	≤0.040	≤0.020						
FeSi45	40.0~47.0	—		≤0.7	≤0.5	≤0.040	≤0.020						
TFeSi75 - A	74.0~80.0	≤0.03	≤0.03	≤0.10	≤0.10	≤0.020	≤0.004	≤0.20	≤0.015				
TFeSi75 - B	74.0~80.0	≤0.10	≤0.05	≤0.10	≤0.05	≤0.030	≤0.004	≤0.20	≤0.04				
TFeSi75 - C	74.0~80.0	≤0.10	≤0.10	≤0.10	≤0.10	≤0.040	≤0.005	≤0.030	≤0.05	≤0.10	≤0.10	≤0.05	≤0.40
TFeSi75 - D	74.0~80.0	≤0.20	≤0.05	≤0.20	≤0.10	≤0.040	≤0.010	≤0.020	≤0.04	≤0.02	≤0.10	≤0.01	≤0.04
TFeSi75 - E	74.0~80.0	≤0.50	≤0.50	≤0.40	≤0.10	≤0.040	≤0.020	≤0.050	≤0.06				
TFeSi75 - F	74.0~80.0	≤0.50	≤0.50	≤0.40	≤0.10	≤0.030	≤0.005	≤0.010	≤0.02		≤0.10		≤0.10
TFeSi75 - G	74.0~80.0	≤1.00	≤0.05	≤0.15	≤0.10	≤0.04	≤0.003	≤0.015	≤0.04				

　　硅铁是在开口式或半封闭式矿热炉内连续冶炼的。在整个冶炼过程中。电极深而稳地插在炉料中，混匀的炉料，随料面均匀下沉而小批地加入炉内。炉内料面始终保持一定的高度，并呈平锥体形状，炉内铁水积存到一定程度时，打开炉眼放出。

　　硅铁在矿热炉冶炼的过程中，是在高温下（温度 1500~1670℃）进行，SiO_2 溶液被固态碳还原的过程。随着炉内温度的继续升高，SiO_2 分解为 SiO（气），继续反应生成中间物 SiC、SiO_2（气）、C、Si，SiC 与炉内已被熔化的铁在高温下继续反应生成硅铁。

4.1.2 硅铁生产用原料

硅铁冶炼的原材料主要有硅石、焦炭、钢屑等。

4.1.2.1 硅石

对硅石的要求是：SiO_2 含量应大于 97%，以降低冶炼电耗和还原剂用量；杂质应控制较低，以减少渣量，其中 Al_2O_3 含量必须小于 0.5%，MgO 和 CaO 含量之和要小于 1%。

硅石要有良好的抗爆性。抗爆性差的硅石在升温过程中炸裂成小块，影响炉料的透气性，抗爆性差的硅石不能用于硅铁的冶炼。

硅石入炉时要有一定的粒度。硅石粒度过小，会含有较多的杂质，影响料面的透气性；硅石粒度过大，易造成炉料分层，延缓炉料的熔化和还原反应速度。通常大炉子硅石粒度为 60 ~ 120mm，其中大于 80mm 的要大于 50%，小炉子硅石粒度为 25 ~ 80mm，其中大于 40mm 的要占 50%。一般 12500kV·A 矿热炉要求入炉硅石粒度为 80 ~ 120mm。

4.1.2.2 碳质还原剂（焦炭）

在碳质还原剂化学成分中，主要考察固定碳、灰分、挥发分和水分。用矿热炉冶炼硅铁时对碳质还原剂总的要求是：固定碳含量高，灰分低，水分波动小，电阻率大，气孔率高，具有一定的粒度和机械强度。

冶炼硅铁采用的碳质还原剂有冶金焦、气煤焦、半焦、低温焦、褐煤焦低灰分烟煤等，但广泛采用的是冶金焦（碎焦）。

一般要求冶金焦炭中固定碳含量大于 84%，灰分小于 14%。焦炭中灰分过高易使炉内料面渣化烧结，影响料面透气性。焦炭中的灰分还是炉内渣量增加，炉渣变黏的重要原因。焦炭中的水分要稳定且小于 6% 为宜，焦炭中水分含量的波动是造成炉况波动和恶化的主要原因。比电阻要高，在冶炼过程中，比电阻大，电极插地深而稳，由此可扩大坩埚区，热损失小。反应性能强，反应能力强的还原剂在短时间内能充分利用矿石中的有用元素，元素回收率高。粒度组成合适，焦炭的粒度组成是影响炉料比电阻和透气性的重要因素。粒度大的焦炭比电阻低，反应表面小，还原能力较低，加入炉内时炉料的导电性强，电极下插困难，热损失增加。粒度过小的焦炭入炉时，易使料面烧结透气性变坏，烧损严重。碳质还原剂要具有一定的机械强度，否则破碎损失大，产品成本增加，而且入炉后如果继续破裂，会影响炉料面透气性。

4.1.2.3 铁质材料

生产硅铁时，含铁料是硅铁成分的调节剂，含铁料有促进 SiO_2 被还原的作用，因此要求球团含铁量需大于 60%；矿热炉冶炼硅铁时一般采用含磷低、无合金元素及有色金属的碳素钢车屑，钢屑必须是纯碳素钢屑，含铁量应大于 95%。此外也可利用其他碳素钢的小废料及轧钢皮等。钢屑尺寸要合适，不宜过长。

采用氧化铁能改善炉况，使渣容易流出，但氧化铁还原为铁需要消耗部分焦炭和电能，使单位电耗和还原剂消耗增加。

不能采用铁矿作含铁原料。因矿石将带入大量成渣物，以至于消耗大量的额外电能和还原剂，且矿石中的杂质会还原进入合金。

4.1.3　硅铁冶炼原理

硅铁是用矿热炉生产的。炉料主要由硅石、铁屑和作为还原剂的兰炭或焦炭组成。

硅石的主要成分是 SiO_2，SiO_2 属难还原氧化物，且其还原过程比较复杂。用碳还原 SiO_2 时，有中间产物 SiC 和 SiO 产生，主要反应如下：

在较低温度下，二氧化硅与碳作用：

$$SiO_2 + 3C \Longrightarrow SiC + 2CO \uparrow \qquad \Delta G^\ominus = 67035 - 43.89T$$

在较高温度下，二氧化硅被碳还原成一氧化硅：

$$SiO_2 + C \Longrightarrow SiO + CO \uparrow \qquad \Delta G^\ominus = 159600 - 77.94T$$

碳化硅在高温下因二氧化硅和一氧化硅的存在而被破坏：

$$2SiC + SiO_2 \Longrightarrow 3Si + 2CO \uparrow \qquad \Delta G^\ominus = 97380 - 47.64T$$

$$SiC + SiO \Longrightarrow 2Si + CO \uparrow \qquad \Delta G^\ominus = 49150 - 24.59T$$

碳还原二氧化硅总的反应式为：

$$SiO_2 + 2C \Longrightarrow Si + 2CO \uparrow \qquad \Delta G^\ominus = 167400 - 86.40T$$

在有铁存在时，还原出来的硅和铁反应：

$$Fe + Si \Longrightarrow FeSi \qquad \Delta G^\ominus = -28500 - 0.64T$$

碳化硅被铁破坏：

$$Fe + SiC \Longrightarrow FeSi + C \qquad \Delta G^\ominus = 9900 - 9.14T$$

由于硅与铁生成硅化铁的反应为放热反应，因而它能降低二氧化硅还原反应的理论开始温度。同时，铁的存在可以促进硅沉入熔池，使之离开反应区，从而改善二氧化硅的还原条件。

冶炼硅铁时，二氧化硅的还原反应可以用下式表示：

$$SiO_2 + 2C + nFe \Longrightarrow Fe_nSi + 2CO \uparrow$$

生产硅铁因含铁量不同，反应放出的热量也不同，因而不同含硅量的硅铁，其开始还原温度也不同。熔炼的硅铁含硅量越低，二氧化硅被还原的理论开始反应温度也越低。通过计算得出，冶炼 45% 硅铁时，$T_{开}$ 为 1861K；冶炼 FeSi75 时，$T_{开}$ 为 1917K。

冶炼硅铁时，除二氧化硅被还原外，炉料中的 P_2O_5 和 FeO 也被还原得非常彻底，Al_2O_3 和 CaO 约有 40% ~50% 被还原进入合金，其余未还原的氧化物组成炉渣。硅铁虽然是无溶剂法、无渣法冶炼，但未被还原的氧化物也会形成约占合金量 3% ~5% 的炉渣，其成分为 Al_2O_3 45% ~62%，SiO_2 23% ~46%，CaO 9% ~18%。

4.1.4　硅铁冶炼工艺

硅铁是在矿热炉内连续生产的，炉型有固定式和旋转式。旋转式矿热炉因炉缸旋转降低了原料及电能消耗被逐渐推广采用。炉子多为圆形，炉底和炉膛下部的工作层采用炭砖砌筑，炉膛上部用黏土砖砌筑，采用自焙电极。

冶炼时，将合格的硅石、还原剂、钢屑用电子秤按比例进行配料后，称好的炉料倒入料斗，经皮带或斜桥料车送入炉顶料仓中，根据炉料需求情况，炉料可以从接在料仓下面的料管直接加入炉内（或用加料机加到炉内），小炉子则通常将炉料送到操作平台上，用人工加到炉内。炉口料面要保持一定的形状，电极四周应呈宽而平的锥体形状，锥体高度

200~300mm，三根电极之间的炉口区料面应控制高一些，呈馒头状较好，以适应此区域热量集中、化料快的特点。加料可采用少加勤加法或分批集中加料法，并应及时纠正偏料。为了保持炉内良好的透气性，需要及时进行扎眼和捣炉。应在透气性差（冒火较弱、料面发硬）的区域，以及"刺火"（炉气以很大压力从电极周围喷出）严重的区域用圆钢进行扎眼，或根据炉况在大面和锥体下部发黑区域或"刺火"区域进行捣炉。扎眼要勤，根据炉况进行。小捣炉可根据炉况进行，大捣炉一般在出铁后进行，捣炉要快要透，要有一定的深度（以不破坏坩埚为原则）。当炉内铁水积存到一定量时，应做好出铁准备。出铁前应准备好开、堵炉眼的工具及泥球，并检查铁水包。出铁时，先用圆钢清除出铁口处的残渣、残铁及炉眼四周的泥球，然后在炉眼中心线上端用圆钢倒开炉眼，当出铁口难开时，可用圆钢接通烧穿器烧开。炉眼应外大内小，呈圆形，出铁口打开后，应控制铁流大小适当，出铁时间控制在 15min。出铁后清理出铁口，采用堵眼材料堵住出铁口。出完铁后应立即浇注，以免降温。硅铁冷凝时硅先结晶，因其密度小而上浮，密度大的硅化铁下沉，凝固后的硅铁锭上层含硅量高，下层含硅量低，产生偏析。为减少偏析，可降低铁水浇注温度，减少铁锭厚度，加快铁锭冷却速度，通常浇注 FeSi75 时采用深度低于 100mm的浅锭模。浇注结束后，当合金锭冷凝成樱桃红时，用吊车把合金从锭模中吊出，放到冷却台上冷却。冷却后的合金锭破碎，清除残渣，包装入库。

硅铁冶炼的总工艺流程如图 4–1 所示。

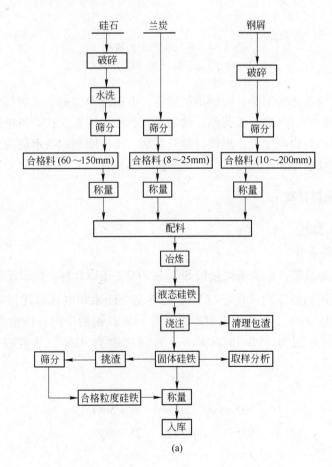

(a)

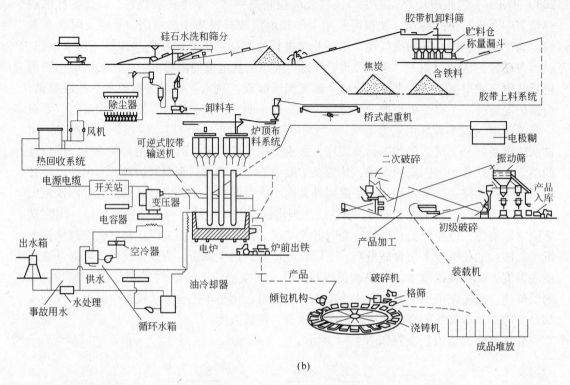

(b)

图 4-1　硅铁生产工艺流程

(a) 硅铁冶炼工艺框图；(b) 硅铁冶炼工艺图

硅铁冶炼炉况的正常标志是：电炉负荷稳定，电极深而稳地插入炉料中；电极焙烧正常，下放量也正常；炉口火焰呈淡黄色，均匀活跃，火焰区宽大；炉料松软，料面高度适中，炉料下沉均匀；炉口温度低；出铁口易开易堵，出铁顺利；铁水流头大，能排出少量液态炉渣；合金成分稳定，产量高。

4.1.5　硅铁生产配料计算

以冶炼 FeSi75 为例。

4.1.5.1　计算条件

以 100kg 硅石为基础，焦炭消耗量按 SiO_2 被 100% 还原计算，假设还原硅石中其他元素及焦炭灰分所消耗的还原剂，正好与 SiO_2 的不完全还原和电极消耗相抵消。其他成分假定为：硅石含 SiO_2 98%，焦炭中固定碳含量为 84%，钢屑中的含铁量为 95%，合金中的含硅量和含铁量分别为 75% 和 23%，硅的回收率为 92%，焦炭在炉口的燃烧率为 10%。

4.1.5.2　配料计算

$$SiO_2 \quad + \quad 2C \Longrightarrow Si + 2CO$$

$$60 \qquad 12 \times 2 \qquad 28$$

则干焦需要量为：

$$\frac{100 \times 0.98 \times 24}{60 \times 0.84 \times 0.9} = 51.7\text{kg}$$

100kg 硅石进入合金的硅量为：

$$100 \times 0.98 \times \frac{28}{60} \times 0.92 = 42\text{kg}$$

则需钢屑量为：

$$\frac{42 \times 0.23}{0.75 \times 0.95} = 13.6\text{kg}$$

4.1.5.3 炉料配比

炉料配比为：硅石 100kg，干焦 51.7kg，钢屑 13.6kg。

4.1.6 硅铁生产节能

硅铁属高能耗产品，硅铁生产节能具有重要意义。硅铁节能可从精细用料及生产过程控制两个方面入手。

4.1.6.1 精细用料

精细用料是硅铁节能的中心环节之一。精细用料主要内容是指原料的主成分高、杂质低、块度适宜和有良好的物理性能等。可通过精选硅石和还原剂、正确使用含铁原料来逐一落实。

精选硅石：硅石成分要精选、水洗，入炉硅石要有良好的抗爆性能和还原性能，在保证透气好的条件下粒度均匀些、小些好。

优选碳质还原剂：选择品质良好的碳质还原剂，正确控制用碳，用碳量越接近理论值，硅的回收率越高，单位电耗越低，不同粒度等级还原剂应合理搭配，以改善反应条件，有合适的电阻率，又不影响电炉透气。

正确使用含铁原料：一般使用碳素钢屑（含铁大于95%），有色金属屑、铸铁屑、合金钢屑不能使用，否则会造成杂质元素超标报废，污染合金。带泥土杂质多、卷取长的钢屑也不能使用，泥土杂质可增加渣量。

采用球团或压块冶炼，加大反应接触面，加快反应速度，提高炉料电阻率，降低料耗及电耗。

4.1.6.2 生产过程节能

选用节能型变压器。选择磁损、涡流损失小的变压器并强化变压器冷却以降低变压器中的损失功率。维护好出铁口、缩短开炉电烘炉时间以减少辅助用电及其他电损，减少高压侧的电能损失，减少短网及电极中的电损并选择合适的电气制度。

合理减少热损失。控制出铁温度，铁水过热不要太多；及时排渣，并减少炉渣吸热；注意炉口保温、减少散热以减少炉口热损失；尽量减少热停工；缩短每批料的熔炼时间，提高电炉生产率。

减少炉气带走热量及余热利用。降低炉口温度；降低炉料中水分，减少蒸发水吸热和炉气量。焦炭用余热烘烤；炉气热量采取各种形式回收利用。

减少合金机械损失回收金属。采用合适的浇铸工艺，减少精整损失，并掌握恰当的浇铸速度以减少喷溅、偏析、冒瘤损失，浇铸时做好挡渣扒渣操作，防止混渣降低损失；加强粘包铁和精整渣的回收利用，有条件的单位可采用煤气烘烤铁水包，以减少粘包损失。

4.1.7　硅铁生产技术经济指标及原辅材料消耗

硅铁矿热炉的容量相对其他品种较大，目前常见的炉容多在 20000kV·A 以上，年工作天数大于 330 天，产品合格率大于 99%，元素回收率在 90% 以上。含 Si 75% 硅铁的主要技术经济指标及原辅助材料消耗见表 4-2。

表 4-2　FeSi75 的主要技术经济指标及原辅助材料消耗

项　目		指　标
主要经济技术指标	冶炼电耗/kW·h·t^{-1}	8400~8900
	动力电耗　烟气处理/kW·h·t^{-1}	400
	无烟气处理/kW·h·t^{-1}	100
	年工作天数/d	335~345
	产品合格率/%	>99.5
	元素回收率/%	88~92
	渣铁比/%	约50
主要原材料及辅助材料消耗	硅石（SiO$_2$ >97%）/kg·t^{-1}	1800~1900
	焦炭/kg·t^{-1}	1000~1100
	钢屑（铁鳞）/kg·t^{-1}	220~240（320~380）
	电极糊/kg·t^{-1}	50~55
	电极壳/kg·t^{-1}	3~6
	锭模/kg·t^{-1}	15~20
	钢材/kg·t^{-1}	25~40
	耐火材料/kg·t^{-1}	10~25

4.2　工　业　硅

4.2.1　工业硅的用途、牌号及生产方法

工业硅也称金属硅或结晶硅，是重要的工业材料，广泛用于冶金、化工、机械、电器、航空、船舶、能源等领域。

工业硅主要用作冶金产品的合金剂、脱氧剂、还原剂及化工原料，如可作为有色合金的添加剂，起到提高基体金属强度、硬度和耐磨性，改善基体的铸造性能和焊接性能的作用，作为脱氧剂使用以降低有色合金的氧含量。在硅钢生产中工业硅可用作合金剂。作为氧化锰、氧化钡、氧化钙、氧化镁等氧化物的还原剂。作为生产有机硅、硅橡胶、晶体硅等的化工原料。其中用于铝合金添加剂的工业硅占工业硅总产量的 70% 以上。

工业硅的牌号及化学成分列于表 4-3 中。

表 4 - 3　工业硅牌号和化学成分（GB/T 2881—2008）

类　别	牌号（代号）	化学成分/%			
		Si	杂质含量		
			Fe	Al	Ca
化学用硅	Si－A	>99.60	<0.20	<0.10	<0.01
	Si－B	>99.20	<0.20	<0.20	<0.02
	Si－C	>99.0	<0.3	<0.30	<0.03
	Si－D	>99.70	<0.4	<0.10	<0.05
冶金用硅	Si－1	>99.60	<0.20		<0.05
	Si－2	>99.30	<0.30		<0.10
	Si－3	>99.30	<0.50		<0.20

　　工业硅在三相或单相矿热炉内进行冶炼，大都采用敞口矿热炉，也有采用半封闭旋转炉的，炉衬由炭砖砌筑。由于工业硅对含铁量要求严格，不宜采用有铁壳的自焙电极，应使用石墨或炭素电极。

4.2.2　工业硅生产用原料

　　冶炼工业硅的原料主要有硅石和碳质还原剂。

4.2.2.1　硅石

　　对硅石的要求是：$SiO_2 > 99.0\%$，$Al_2O_3 < 0.3\%$，$Fe_2O_3 < 0.05\%$，$CaO < 0.2\%$，$MgO < 0.15\%$；粒度为 25～80mm。硅石要有一定的抗爆性和热稳定性。抗爆性差的硅石会导致矿热炉透气性变差，炉子上部炉料黏结，不利于冶炼正常进行。抗爆性用抗爆率的大小表示，其测定是称量一定量的硅石，在 1500℃ 温度下入炉加热、恒温 15min，出炉冷却至常温，筛分大于 20mm 的硅石重量与爆炸前硅石重量之比的百分数，即为抗爆率。工业硅生产用硅石要求结晶水含量不超过 0.5%，剧烈膨胀的开始温度不低于 1150℃。

4.2.2.2　碳质还原剂

　　工业硅生产中使用的碳质还原剂有木炭、石油焦、褐煤、烟煤、兰炭和木块。碳质还原剂应固定碳高，灰分低，化学活性好。通常采用低灰分的石油焦或沥青焦作还原剂，并搭配采用灰分低、电阻率大和反应能力强的木炭（或木块）。为使炉料烧结，还应配入部分低灰分烟煤。

　　对几种碳质还原剂的要求见表 4 - 4。

表 4 - 4　碳质还原剂成分粒度要求

名　称	挥发分/%	灰分/%	固定碳/%	粒度/mm
木炭	25～30	<2	65～75	3～100
木块		<3		<150
石油焦	12～16	<0.5	82～86	0～13
烟煤	<30	<8		0～13

4.2.3　工业硅冶炼原理

在工业硅的生产中，一般认为硅被还原的反应式为

$$SiO_2 + 2C = Si + 2CO \quad T_{开} = 1933K$$

实际生产中硅的还原比较复杂。炉料入炉后不断下降，受上升炉气的作用，炉料温度不断升高，上升的 SiO 有下列反应：

$$2SiO = Si + SiO_2$$

此产物大部分沉积在还原剂的孔隙中，有些逸出炉外。炉料继续下降，当炉料降到温度在 1773K 以上的区域时，有下列反应：

$$SiO_{(g)} + 2C_{(s)} = SiC_{(s)} + CO \uparrow$$
$$SiO + C = Si + CO$$
$$SiO_2 + C = SiO + CO$$

当温度再升高时发生反应：

$$2SiO_2 + SiC = 3SiO + CO$$

在电极下发生反应：

$$SiO_2 + 2SiC = 3Si + 2CO$$
$$3SiO_2 + 2SiC = Si + 4SiO + 2CO$$

炉料在下降的过程中有反应：

$$SiO + CO = SiO_2 + C$$
$$3SiO + CO = 2SiO_2 + SiC$$

在工业硅冶炼过程中，应严格保持炉料中 C 与 SiO_2 的分子比等于 2，这样在冶炼过程中就不出现剩余 SiC 和 SiO_2，可保证冶炼过程有高的硅产出率。

4.2.4　工业硅冶炼工艺

工业硅生产工艺流程如图 4 - 2 所示。

配料。炉料配比应根据化学成分、粒度、含水量、炉况经计算及经验而定。各种还原剂按一定比例搭配，木炭用量控制在不少于纯碳量的 1/4，烟煤和褐煤用量不超过 1/4，配料时要注意根据原料变化及时调整配料。要注意原料的清洁，清除异物，防止杂物混入料内。称量必须准确。

冶炼操作。按配料要求配好料，运到炉前，木块单独堆放。配料称料次序为：木炭、石油焦、硅石。采用焖烧、定期集中加料和彻底沉料的操作。当炉内炉料焖烧到一定时间后，应用捣炉机捣料促使烧结的炉料下沉，捣炉完毕后，集中加入新料，加料时可先加木块，再将混匀的炉料迅速加于电极周围及炉心地区，料面要加成平顶锥体，新料加完后，进行焖烧。每班沉料约 5～6 次，约 1h 沉料一次，每次所加新料量约 1h 用量。

出炉及浇注。出炉前先将流槽清理干净，在锭模底部垫上一块炭砖，锭模内刷石灰或石墨粉浆，上面放些碎工业硅块，以保护锭模。出炉时间根据矿热炉容量、生产条件、管理水平等确定，一般大炉子 2h 出炉一次。开眼用石墨棒烧穿器，出炉过程 15min 左右。每次出炉后，应用捣炉机或人工进行捣炉。

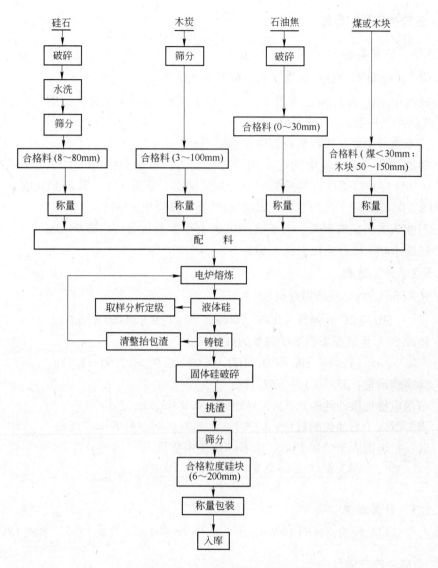

图 4 - 2 工业硅生产工艺流程

停炉操作。停炉前应出尽合金，在料批中适当增加木块配入量，若停炉超过 8h，应在停炉前适当降低料面。为保持炉子温度，停炉前先捣松料面加入木块，加入量视停炉时间长短而定，一般加 50～100kg，停炉时间长，还可加一定量的木炭或石油焦保温。

炉况判断及调节。实际生产中，影响炉况最主要的因素是还原剂用量。炉况的变化通常反映在电极插入深度、电流稳定程度、炉子表面冒火情况及产品质量波动情况等方面。

炉况正常的标志：电极深而稳地插入炉料，电流电压稳定，炉内电弧声响低而稳；料面冒火区域广而均匀，炉料透气性好，料面松软而有一定的烧结性，各处炉料烧空程度相差不大，焖烧时间稳定，基本上无"刺火"、塌料现象；出炉时，炉眼好开，流量开始较大，然后均匀变小，产品产量和质量稳定。

4.2.5　工业硅生产配料计算

4.2.5.1　计算条件

（1）以 100kg 硅石为计算基准，假设硅石含 SiO_2 99%。

（2）硅石中 SiO_2 有 90% 还原进入产品，损失率约为 10%（含机械损失）。其中 7% 以 SiO 形式随炉气挥发，3% 进入炉渣。

（3）还原灰分中氧化物所消耗的碳量忽略不计。

（4）还原剂及石墨电极中固定碳的消耗比例为：石油焦中 90% 的固定碳用于还原 SiO_2，其余 10% 在炉口烧损；兰炭中 85% 的固定碳用于还原 SiO_2，其余 15% 在炉口烧损；电极中 90% 的固定碳用于还原 SiO_2，其余 10% 在炉口烧损。

（5）石油焦含固定碳 86%，兰炭含固定碳 85%，电极含固定碳 99.5%。

（6）还原 100kg 硅石消耗电极 3.5kg。

4.2.5.2　计算过程

（1）还原 SiO_2 生成 Si 所需纯碳量：

$$SiO_2 + 2C = Si + 2CO \quad 100 \times 0.99 \times 0.9 \times 24/60 = 35.7kg$$

（2）还原 SiO_2 生成损失物 SiO 需要的纯碳量：

$$SiO_2 + C = SiO + CO \quad 100 \times 0.99 \times 0.07 \times 12/60 = 1.4kg$$

（3）共需纯碳量：$35.7 + 1.4 = 37.1kg$

（4）石墨电极提供的纯碳量：$3.5 \times 0.995 \times 0.9 = 3.2kg$

（5）需要配入干石油焦的数量：$(37.1 - 3.2)/(0.86 \times 0.9) = 43.8kg$

（6）若每批料配入干兰炭 15kg，则石油焦使用数量为

$$\frac{43.8 \times 0.86 \times 0.9 - 15 \times 0.85 \times 0.85}{0.86 \times 0.9} = 29.8kg$$

4.2.5.3　计算结果

工业生产硅的配料为：硅石 100kg，干石油焦 29.8kg，干兰炭 15kg，木块 15kg。

4.2.6　工业硅生产节能

工业硅是高能耗产品，节能工作十分重要，主要节能途径有以下几方面：

（1）精选炉料。碳质还原剂和硅石的选择对电耗和产量的影响极大。在保证产品质量和降低电耗方面要权衡得失。多用或全用石油焦，质量提高，但电耗上升；多用烟煤或木炭，电耗降低，但质量可能下降。优质硅石的选择既要注重化学成分，还要综合冶炼性能指标（如热稳定性，还原性等）。

（2）精心设计矿热炉参数。矿热炉参数选择不当，如电压选择过高会使电耗上升。设计炉膛尺寸必须根据生产经验及电极材质进行合理计算。

（3）采用大容量矿热炉生产。小型矿热炉由于热损失占的比例大而电耗较高，因而应尽可能采用大容量矿热炉组织生产。

（4）采用炉体旋转式矿热炉生产。旋转式炉子可以防止炉料结壳使其自动下沉达到明显的节电效果。

（5）采用团块炉料。将硅石与还原剂制成的团块预还原后加入电炉，产品单位电耗可控制在9000kW·h以下。

（6）采用半封闭电炉回收烟气的热能。

（7）采用炉外精制硅技术提高产品质量，使精整剩下的小颗粒工业硅回炉重熔利用，达到提高产量降低电耗的目的。

（8）精心操作。精心操作包括配料的准确称量，掌握好用碳量，及时加料不空烧，捣炉深而透，使电极深插稳插，有一个好炉况，实现优质、低耗、高产。

4.2.7 工业硅生产技术经济指标及原辅材料消耗

工业硅生产所用矿热炉相对硅铁较小，常见的在6300kV·A左右，有增大的趋势。产品合格率不低于98%，元素回收为80%~82%，电炉功率因数高于0.85，年工作天数在320~330天，入炉料品位高于99%。

国内3座矿热炉工业硅生产的主要技术经济指标见表4-5。

表4-5　国内3座矿热炉工业硅的主要技术经济指标

矿热炉容量/kV·A		6300	5000	2700
原料消耗 /kg·t^{-1}	硅石	2760	2895	2584
	木炭	947	70	306
	石油焦	713	1310	958
	木块			280
	电极	127	150	
电耗/kW·h^{-1}		12744	14130	13738

4.3　硅钙合金

4.3.1　硅钙合金的用途、牌号及生产方法

硅钙合金是硅、钙、铁组成的复合合金，是一种较理想的复合脱氧剂、脱硫剂，主要用于炼钢和铸铁生产。硅钙合金脱氧能力强，脱氧产物易于上浮排出，在冶炼优质钢、特殊钢和特殊合金中常用作脱氧剂。硅钙合金中的钙与硫可形成不溶于钢水的稳定CaS，因此硅钙合金脱氧时还有脱硫作用。硅钙合金也适合用作炼钢转炉的增温剂，用作铸铁的孕育剂和添加剂，同时起到脱氧、脱硫、脱氮和增硅的效果。

硅钙合金的牌号及化学成分列于表4-6。

表4-6　硅钙合金牌号及化学成分（YB/T 5051—2007）

牌　　号	化学成分/%					
	Ca	Si	C	Al	P	S
Ca31Si60	≥31	50~65	≤1.2	≤2.4	≤0.04	≤0.06
Ca28Si60	≥28	50~65	≤1.2	≤2.4	≤0.04	≤0.06

牌　　号	化学成分/%					
	Ca	Si	C	Al	P	S
Ca24Si60	≥24	55 ~ 65	≤1. 0	≤2. 5	≤0. 04	≤0. 04
Ca20Si55	≥20	50 ~ 60	≤1. 0	≤2. 5	≤0. 04	≤0. 04
Ca16Si55	≥16	50 ~ 60	≤1. 0	≤2. 5	≤0. 04	≤0. 04

硅钙合金的生产方法有一步法和二步法。一步法是在一台电炉内，用碳还原硅石和石灰生产出硅钙合金；二步法是先在一台电炉内生产出电石（或高碳硅铁），然后用电石加硅石和焦炭（或用高碳硅铁加石灰）在另一台电炉内生产出硅钙合金。二步法需要两台电炉，综合电耗高，操作要求高，过程难控制，对原料中的水分要求严格，因而只在自动化程度高、管理条件好、机械化上料、料仓密封好的电炉上采用。

4.3.2　硅钙合金生产用原料

生产硅钙合金的原料有硅石、石灰、焦炭、木块（或木炭）和烟煤等。

硅石：要求 $SiO_2 > 98\%$，$Al_2O_3 + Fe_2O_3 < 1\%$，其他杂质越少越好；表面不能粘有泥土或其他杂质，吸水率低于 5%；硅石入炉粒度为 30 ~ 60mm，其中大于 60mm、小于 30mm 的部分要小于 5%。

石灰：要求 $CaO > 85\%$，$Al_2O_3 \leqslant 0.5\%$，$Fe_2O_3 \leqslant 0.3\%$，$S < 0.03\%$，不混有生烧和过烧，入炉粒度 10 ~ 15mm。

焦炭：固定碳高于 80%，灰分低于 15%，挥发分不高于 2%，$S \leqslant 0.6\%$，入炉粒度 3 ~ 5mm，粉末应小于 10%。

木炭：固定碳高于 75%，灰分低于 2%，挥发分低于 20%，水分低于 10%，不得混有生烧木柴头、粉末和其他杂质，块度 20 ~ 80mm。

木块：配入的目的是增加炉料电阻率。采用普通的松杂木，剥去树皮，厚度大于 20mm，长度小于 200mm，其中厚度小于 20mm 的应小于 5%。

烟煤：要求灰分低于 8%，水分低于 10%，不混有其他杂质；要有良好的烧结性能；入炉粒度为 0 ~ 13mm。

4.3.3　硅钙合金冶炼原理

硅钙合金是在矿热炉内用碳质还原剂，还原二氧化硅和氧化钙制取的。

熔炼硅钙合金的主要反应为：

$$SiO_2 + 3C \Longrightarrow SiC + 2CO \qquad \Delta G^\ominus = 561324.28 - 367.35T$$

$$CaO + 3C \Longrightarrow CaC_2 + CO \qquad \Delta G^\ominus = 108800 - 51.28T$$

$$CaO + SiO_2 \Longrightarrow CaO \cdot SiO_2 \qquad \Delta G^\ominus = -19900 - 0.82T$$

$$SiO_2 + CaC_2 \Longrightarrow CaSi + 2CO \qquad \Delta G^\ominus = 193000 - 104.98T$$

总反应可以写成：

$$2SiO_2 + CaC_2 + 2C \Longrightarrow CaSi + Si + 4CO \qquad \Delta G^\ominus = 360400 - 191.4T$$

$$2SiO_2 + CaO + 5C \Longrightarrow CaSi + Si + 5CO \qquad \Delta G^\ominus = 469200 - 242.7T$$

在有铁存在时,用碳还原 CaO 和 SiO_2 可在较低反应下进行,反应如下:

$$5/11SiO_2 + 1/11CaO + 3/22Fe + C \Longrightarrow 1/11CaSi + 3/22FeSi + 5/22Si + CO$$

$$\Delta G^{\ominus} = 1466636.04 - 835.77T$$

4.3.4　一步法硅钙合金冶炼工艺

一步法是将称量好且混合均匀的石灰、硅石、碳质还原剂一同装入电炉中,采用恰当的工艺操作,炼制硅钙合金,其工艺流程如图 4-3 所示。

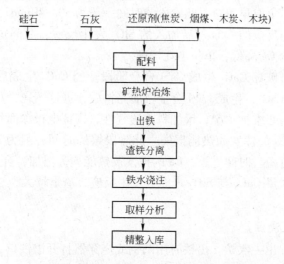

图 4-3　一步法硅钙合金生产工艺流程

一步法分为混合加料法和分层加料法。

4.3.4.1　混合加料法

混合加料法的操作与小电炉生产 FeSi75 的操作相似,但硅钙合金炉料不是全部以混匀的状态入炉,有 1/4 ~ 1/3 的硅石是在塌料后单独加于电极周围,木块也是单独加入,其余的硅石和石灰、焦炭、烟煤混匀后加入炉内。

混合加料法的操作过程是:出铁后堵好炉眼,料面出现第一次大塌料,然后捣炉压硅石,把热料推向电极附近,压平,把木块加在电极附近,压平,再加混合料,料面要堆成锥体,锥体高度约 200mm,上面撒些焦炭与烟煤的混合料,进行焖烧,当发现料面个别地方变薄后,轻加一些新料,以延长焖烧时间。当料面大部分变薄时,出现第二次大塌料,塌料后,往电极旁加入回炉渣,平整料面,再加混合料,堆成锥体,进行焖烧。当发现料面个别地方变薄时,轻轻盖上新料,当料面大部分变薄时,出现第三次大塌料,塌料后的操作与第一次大塌料后的操作完全相同,也是捣炉、加木块,压平后盖混合料进行焖烧,直至出铁。

混合加料法的缺点是氧化钙和二氧化硅接触后生成低熔点的硅酸盐,从硅酸盐中还原出硅和钙很困难,基于这种情况产生了分层加料法。目的是减少氧化钙和二氧化硅的接触以减少 $CaO \cdot SiO_2$ 的生成。

4.3.4.2　分层加料法

分层加料法是把石灰和相应数量的焦炭(按生成低品位电石所需焦炭)混合后集中

加入炉内，待其熔清后，硅石和剩余的还原剂混合后再加入。

分层加料法的操作过程可分为三个阶段：

第一阶段为提温阶段。出铁后下放电极，捣炉，将硬块料打碎，整理料面，扎眼透气，加强料面维护，给满负荷，深插电极，利用高温加热炉底积存的高熔点碳化物，破坏 SiC。此阶段 80min 左右。

第二阶段为 CaC_2 生成阶段。当炉内温度提高后，扒净电极周围浮料，挑开粘料，迅速将所加石灰及相应的还原剂拌匀，全部直接加到电极周围的坩埚中。为加速 CaC_2 的生成，应尽量给满负荷，争取早盖料。此阶段的时间一般为 30~40min。时间过短，CaC_2 生成不充分，大量未参与反应的 CaO 与后加入的 SiO_2 发生反应；时间过长，钙元素挥发和热能损失增加，合金含 Ca 降低，单位电耗增高。

第三阶段是用硅石破坏 CaC_2 生成 CaSi 合金阶段。当 CaC_2 生成后，加混合料，利用混合料中的 SiO_2 破坏 CaC_2，生成 CaSi 合金。加完料后，进行焖烧，直至出炉。第三阶段的操作应加料均匀，精心维护炉况，增加料面透气性，保证电极深而稳地插入炉料中，防止塌料刺火，以减小 Ca 的挥发和热能损失。此阶段熔炼时间一般为 2.5~3h。这一阶段的时间也不宜过长或过短。时间过长，Ca 的挥发及热能损失增加，合金含 Ca 低，单位电耗升高；时间过短，大量 CaC_2 与 SiO_2 未充分发生反应，渣量增大，合金中钙低，生成的硅钙量少。

4.3.4.3　出铁及浇注

正常情况每 4~5h 出一次炉。出铁时用圆钢或烧穿器打开出铁口，铁水与渣同时流入中间包内。由于炉渣密度大于合金密度，合金在分渣器中镇静 2~4min，待合金完全上浮后，将合金慢慢浇入锭模内。当发现合金表面发白、发亮时，立即停止浇铸，以免合金夹渣。合金冷凝后，脱模，精整入库。

4.3.5　硅钙合金生产配料计算

4.3.5.1　混合加料法配料计算

以 100kg 硅石为基础计算。

依据的化学反应为石灰和硅石中主要氧化物的还原反应：$CaO + C = Ca + CO$，$SiO_2 + 2C = Si + 2CO$。

合金成分设定为：含 Ca 31%，Si 60%。

元素回收率为：钙的回收率 η_{Ca} 为 34%~40%；硅的回收率 η_{Si} 为 50%~55%。

计算所用符号、意义及选择范围：

符号	意　义	选择范围/%	符号	意　义	选择范围/%
SiO_2	硅石中 SiO_2	98~99	CaO	石灰中 CaO	85~90
$C_焦$	焦炭中固定碳	84~86	$C_木$	木炭固定碳	76~78
$H_2O_焦$	焦炭中水分	8~16	$H_2O_木$	木炭中水分	3~5
$A_焦$	焦炭烧损率	6~8	$A_木$	木炭损失率	28~32
$A_石$	石灰损失率	2~5	β_{CaO}	电石中游离 CaO 含量	20~30

每批料能生成的合金量，以 Q 表示：

$$Q = \frac{100 \times SiO_2 \times \eta_{Si} \times 28}{60 \times Si}$$

当 η_{Si} 取 52%，$Si = 60\%$，$SiO_2 = 98\%$ 时，则 $Q = 40kg$。

每 100kg 硅石需配入的石灰量，以 G 表示：

$$G = \frac{Q \times Ca \times 56}{40 \times CaO \times \eta_{Ca}}$$

当 $\eta_{Ca} = 38.5\%$，$Ca = 31\%$，$CaO = 85\%$，$Q = 40$ 时，则 $G = 53kg$。

还原 100kg 硅石、G kg 石灰所需的焦炭量为 Z，则：

$$Z = \frac{100 \times SiO_2 \times 24/60 + G \times CaO \times 12/56}{C_{焦}(1 - A_{焦})(1 - H_2O_{焦})}$$

当 $SiO_2 = 98\%$，$G = 53kg$，$CaO = 85\%$，$C_{焦} = 85\%$，$A_{焦} = 8\%$，$H_2O_{焦} = 10\%$ 时，则 $Z = 70kg$。

配碳系数取 1.08，则 $Z = 70 \times 1.08 \approx 76kg$。

若每批硅石料为 260kg，配入 25kg 木炭，则石灰配入量为 $53 \times 2.6 = 138kg$，焦炭配入量为 $76 \times 2.6 - 25 \times 0.78 = 178kg$。

则计算配比与计算料批如下：

炉料组成	硅石	焦炭	石灰	木炭
计算配比/kg	100	76	53	0
计算料批	260	178	138	25

4.3.5.2 分层加料法配料计算

以 100kg 硅石为基础计算。

依据的化学反应为：$CaO + 3C = CaC_2 + CO$，$SiO_2 + 2C = Si + 2CO$，$CaC_2 + SiO_2 = CaSi + 2CO$。

每批料能生成的合金量为 Q，依上例，$Q = 40kg$。

每 100kg 硅石需配入的石灰量为 G，依上例，$G = 53kg$。

配入石灰生成含 CaC_2 70% 左右的低品位电石时应配入的焦炭数，以 X 表示：

$$X = \frac{G \times CaO \times 36 \times (1 - A_{石})(1 - \beta_{CaO})}{56 \times C_{焦}(1 - A_{焦})(1 - H_2O_{焦})}$$

当 $H_2O_{焦} = 14\%$，$A_{焦} = 8\%$，$A_{石} = 2\%$，$\beta_{CaO} = 30\%$，$C_{焦} = 85\%$，$G = 53kg$ 时，$X = 29.6kg$。

当配入 G kg 石灰生成的电石中的 CaC_2 被 SiO_2 破坏时所需的硅石数为 Y，则：

$$Y = \frac{G \times CaO \times 60 \times (1 - A_{石})(1 - \beta_{CaO})}{56 \times SiO_2}$$

当 $G = 53kg$，$CaO = 85\%$，$A_{石} = 2\%$，$\beta_{CaO} = 30\%$，$SiO_2 = 98\%$ 时，$Y = 33.8kg$。

100kg 硅石减去破坏电石用的部分后，需直接还原部分应配入的焦炭数为 Z：

$$Z = \frac{(100 - Y) \times SiO_2 \times 24}{60 \times C_焦 \times (1 - A_焦)(1 - H_2O_焦)}$$

当 $Y = 33.8kg$，$SiO_2 = 98\%$，$C_焦 = 85\%$，$A_焦 = 8\%$，$H_2O_焦 = 14\%$ 时，$Z = 38.6kg$。

10kg 木炭折合焦炭数，以 A 表示：

$$A = \frac{10 \times C_木(1 - H_2O_木)(1 - A_木)}{C_焦(1 - H_2O_焦)(1 - A_焦)}$$

当 $C_木 = 77\%$，$H_2O_木 = 4\%$，$A_木 = 30\%$，$C_焦 = 85\%$，$H_2O_焦 = 14\%$，$A_焦 = 8\%$ 时，$A = 7.7kg$。

则计算配比与计算料批如下：

炉料组成	硅石	石灰	还原石灰用焦炭	还原硅石用焦炭（部分以木炭替代）	还原硅石用木炭
计算配比/kg	100	53	29.6	38.6	0
计算料批	260	138	77	81	25

4.3.6　硅钙合金生产节能

硅钙合金生产主要节能措施：优选生产工艺，小型电弧炉采用分层加料，可使硅钙合金冶炼周期长达 1 年以上，电耗降低到 12000kW·h/t 以下；强化精料工作，提高炉料的比电阻；优选电弧炉参数，提高熔池的功率密度；开发低能耗的低钙合金品种，按冶金的不同需要提供不同牌号产品；加强炉渣、炉瘤的回收利用；提高工艺操作水平。

4.3.7　硅钙合金生产技术经济指标及原辅材料消耗

硅钙合金生产的主要技术经济指标见表 4-7。

表 4-7　硅钙合金生产的主要技术经济指标

项　目		指　标
主要经济技术指标	冶炼电耗/kW·h·t^{-1}	12500 ~ 14000
	年工作天数/d	300 ~ 335
	产品合格率/%	99.5
	元素回收率/%	Si 50 ~ 55，Ca 33 ~ 35
	渣铁比/kg·t^{-1}	800 ~ 1250
主要原材料及辅助材料消耗	硅石/kg·t^{-1}	1900 ~ 2200
	石灰/kg·t^{-1}	900 ~ 1100
	焦炭/kg·t^{-1}	1000 ~ 1200
	木炭/kg·t^{-1}	140 ~ 200
	烟煤/kg·t^{-1}	400 ~ 600
	电极糊/kg·t^{-1}	380 ~ 450
	电极壳/kg·t^{-1}	25 ~ 30
	钢材/kg·t^{-1}	5 ~ 10

4.4 高 碳 锰 铁

4.4.1 锰铁的用途、牌号及生产方法

锰铁是锰与铁的合金，其中含有碳、硅、磷及少量其他元素。锰铁是炼钢的脱氧剂、脱硫剂和合金剂。锰铁还大量用于生产电焊条。锰铁在化学工业中也有广泛利用。

根据含碳量不同，锰铁可分为高碳锰铁（碳含量 2.0% ~ 8.0%，也称碳素锰铁）、中碳锰铁（碳含量 0.7% ~ 2.0%）和低碳锰铁（碳含量不大于 0.7%）。锰铁的牌号及其对应的化学成分见表 4 - 8。

表 4 - 8　电炉锰铁牌号及其化学成分（GB/T 3795—2006）

类别	牌　号	化学成分/%						
		Mn	C	Si		P		S
				I	II	I	II	
低碳锰铁	FeMn88C0.2	85.0 ~ 92.0	≤0.2	≤1.0	≤2.0	≤0.1	≤0.3	≤0.02
	FeMn84C0.4	80.0 ~ 87.0	≤0.4	≤1.0	≤2.0	≤0.15	≤0.3	≤0.02
	FeMn84C0.7	80.0 ~ 87.0	≤0.7	≤1.0	≤2.0	≤0.2	≤0.3	≤0.02
中碳锰铁	FeMn82C1.0	78.0 ~ 85.0	≤1.0	≤1.5	≤2.5	≤0.2	≤0.35	≤0.03
	FeMn82C1.5	78.0 ~ 85.0	≤1.5	≤1.5	≤2.5	≤0.2	≤0.35	≤0.03
	FeMn78C2.0	75.0 ~ 82.0	≤2.0	≤1.5	≤2.5	≤0.2	≤0.4	≤0.03
高碳锰铁	FeMn78C8.0	75.0 ~ 82.0	≤8.0	≤2.5	≤2.5	≤0.33		≤0.03
	FeMn74C7.5	70.0 ~ 77.0	≤7.5	≤2.0	≤3.0	≤0.25	≤0.38	≤0.03
	FeMn68C7.0	65.0 ~ 72.0	≤7.0	≤2.5	≤4.5	≤0.25	≤0.4	≤0.03

根据入炉锰矿品位及炉渣碱度控制的不同，在矿热炉内生产高碳锰铁有熔剂法、无熔剂法和少熔剂法三种：

（1）熔剂法。炉料中除锰矿、焦炭外，还配入一定的熔剂石灰，加入足量的还原剂，采用高碱度渣进行操作，炉渣碱度 $\dfrac{w(\mathrm{CaO})}{w(\mathrm{SiO_2})}$ 控制在 1.3 ~ 1.4，以便尽量降低炉渣的含锰量，提高锰的回收率。此法可利用贫矿。

（2）无熔剂法。炉料中不配加石灰，在还原剂不足的条件下冶炼，采用酸性渣操作。冶炼电耗低，锰的综合回收率高；但酸性渣对碳质炉衬侵蚀较严重，炉衬寿命较短。此法需使用低磷富锰矿。

（3）少熔剂法。采用介于熔剂法和无熔剂法之间的"偏酸性渣法"。该法是在配料中加入少量石灰或白云石，将炉渣碱度控制在 0.6 ~ 0.8，在弱碳条件下进行冶炼，生产出合格的高碳锰铁和含锰 25% ~ 40%、适量的 CaO 及低磷、低铁锰渣。此渣用于生产锰硅合金时，既可减少石灰配入量，又可减少因石灰潮解增加的粉尘量，从而改善炉料的透气性。

国外矿热炉冶炼高碳锰铁多采用无熔剂法和少熔剂法。我国由于资源状况，以熔剂法

生产为主。随着国外高品位锰矿的进口，为合理利用富矿资源可采用无熔剂法和少熔剂法生产高碳锰铁。

4.4.2　高碳锰铁生产用原料

电炉熔剂法生产高碳锰铁的原料主要有锰矿、还原剂（焦炭或煤）、熔剂（石灰及萤石）。

4.4.2.1　锰矿

冶炼高碳锰铁时，应使用含锰量高、SiO_2 和 Al_2O_3 含量低的锰矿，以达到减少渣量、降低电耗、提高生产率和锰回收率的目的。含锰量应不低于34%，$Mn/Fe \geq 6.5$ 和 $P/Mn \leq 0.002$，不同牌号的高碳锰铁，含锰量及 Mn/Fe 比和 P/Mn 比不同。锰矿入炉粒度为 10 ~80mm，抗压强度大于 5MPa，含水量不大于 8%。

4.4.2.2　碳质还原剂

冶炼锰铁常用的还原剂是 5 ~25mm 的碎焦，固定碳不小于 82%，灰分不大于 14%，水分小于 7%，磷含量要低，化学活性好，具有一定的机械强度。

使用块煤代替部分冶金焦有降低电耗的作用，煤的粒度可放宽至 40mm。

4.4.2.3　熔剂

高碳锰铁冶炼所用的熔剂是石灰和萤石。对石灰的要求：$CaO \geq 80\%$，$SiO_2 \leq 6\%$，P $<0.05\%$，S $<0.8\%$，入炉粒度 10 ~60mm 大于 80%；生烧与过烧率总和不得大于 10%。可以使用煅烧白云石代替部分石灰，以提高渣中 MgO 含量，有利于提高锰的回收率，降低产品电耗。对萤石的要求是：$CaF_2 \geq 75\%$，Al_2O_3 0.4% ~0.6%，CaO 0.48% ~0.53%，$SiO_2 < 26\%$。

4.4.3　高碳锰铁冶炼原理

高碳锰铁的冶炼过程主要是锰的高价氧化物受热分解和低价氧化物被碳还原的过程。锰的高价氧化物稳定性较差，在冶炼温度下，锰的高价氧化物将逐级分解成低价氧化物。

当温度高于 480℃时，MnO_2 分解成 Mn_2O_3：

$$2MnO_2 === Mn_2O_3 + 1/2O_2$$

当温度高于 927℃时，Mn_2O_3 分解成 Mn_3O_4：

$$3Mn_2O_3 === 2Mn_3O_4 + 1/2O_2$$

当温度高于 1177℃时，Mn_3O_4 分解成 MnO：

$$Mn_3O_4 === 3MnO + 1/2O_2$$

MnO 比较稳定，在矿热炉冶炼条件下不分解。

锰的高价氧化物也可被炉内反应产生的 CO 还原成低价氧化物，其反应如下：

$$2MnO_2 + CO === Mn_2O_3 + CO_2$$

$$3Mn_2O_3 + CO === 2Mn_3O_4 + CO_2$$

$$Mn_3O_4 + CO === 3MnO + CO_2$$

MnO 比较稳定，在冶炼温度下，MnO 不可能被 CO 还原，只能通过碳直接还原。

碳还原 MnO 的反应如下：

$$MnO + C \rightleftharpoons Mn + CO \qquad \Delta G^\ominus = 575266.32 - 339.78T, \quad T_{\text{开}} = 1693K$$

$$2MnO + 8/3C \rightleftharpoons 2/3Mn_3C + 2CO \qquad \Delta G^\ominus = 510789.6 - 340.80T, \quad T_{\text{开}} = 1499K$$

由以上反应可看出，用碳作还原剂时，得到的不是纯锰，而是锰的碳化物 Mn_3C，合金中碳含量通常为 6%～7%。

在 MnO 被碳还原的同时，锰矿中 Fe、P、Si 的氧化物也被碳还原，其中 P_2O_5 和 FeO 比 MnO 更容易被还原。

矿石中磷的氧化物能被碳、锰充分还原，其反应式如下：

$$2/5P_2O_5 + 2C \rightleftharpoons 4/5P + 2CO \qquad \Delta G^\ominus = 396071.28 - 382.13T, \quad T_{\text{开}} = 1036.5K$$

$$2/5P_2O_5 + 2Mn \rightleftharpoons 4/5P + 2MnO \qquad \Delta G^\ominus = -179195.04 - 42.37T$$

被还原出来的磷，大约有 70% 进入合金，5% 左右残留渣中，其余挥发。

炉料中铁的氧化物按下式被碳还原：

$$FeO + C \rightleftharpoons Fe + CO \qquad \Delta G^\ominus = 148003.38 - 150.31T, \quad T_{\text{开}} = 985K$$

还原出来的铁与锰组成锰铁的二元碳化物 $(Mn \cdot Fe)_3C$，从而改善了 MnO 的还原条件。在有铁存在的条件下，当温度接近 1100℃ 时，MnO 的还原即可进行。

炉料中带入的 SiO_2 比 MnO 稳定，只有在较高的温度下才能被碳还原：

$$SiO_2 + 2C \rightleftharpoons Si + 2CO \qquad \Delta G^\ominus = 700870.32 - 361074T, \quad T_{\text{开}} = 1973K$$

控制高碳锰铁冶炼温度不超过 1550℃，可以有效地抑制 SiO_2 的还原。实际允许的高碳锰铁含硅量不大于 4%，大部分以 SiO_2 形式进入炉渣。

炉料中的其他氧化物如 CaO、Al_2O_3、MgO 等，则较 MnO 更为稳定，在高碳锰铁冶炼温度条件下不可能被碳还原，几乎全部进入炉渣。

高碳锰铁在 1250℃ 左右时熔化，合金过热至 1350～1370℃ 就具有良好的流动性，且锰的挥发性很大。因此冶炼高碳锰铁时，应避免炉缸温度过高。

MnO 为碱性氧化物，易与炉料中的 SiO_2 结合生成硅酸盐：

$$MnO + SiO_2 \rightleftharpoons MnO \cdot SiO_2$$

$$2MnO + SiO_2 \rightleftharpoons 2MnO \cdot SiO_2$$

这些反应降低了渣中 MnO 的活度，使充分还原 MnO 变得困难。

为了减少锰进入炉渣中的损失，可于炉料中加入石灰或石灰石，使渣中 MnO 活度增加，还原条件得到改善。此时：

$$MnO \cdot SiO_2 + CaO \rightleftharpoons CaO \cdot SiO_2 + MnO$$

$$2MnO \cdot SiO_2 + 2CaO \rightleftharpoons 2CaO \cdot SiO_2 + 2MnO$$

熔剂法冶炼高碳锰铁时，锰的分布情况大约如下：78%～82% 进入合金，8%～10% 进入炉渣，10%～12% 挥发。

4.4.4　高碳锰铁冶炼工艺

高碳锰铁可在大、中、小型封闭式或敞口式矿热炉内采用连续冶炼的方法生产，炉衬用炭砖砌筑。锰铁联合生产流程如图 4-4 所示。

根据配料计算得出配料比后，按焦炭、锰矿、石灰（白云石）的顺序进行称量配料，

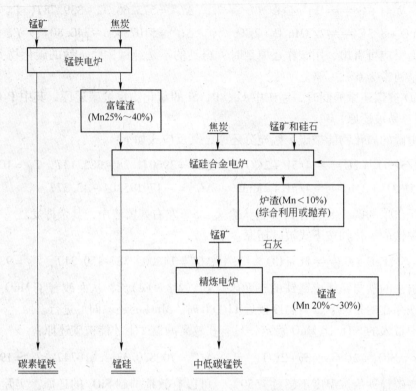

图 4-4　锰铁联合生产流程

　　然后通过输送系统将配好的料送到加料平台或炉顶料仓，根据炉内需要分批加入炉内。小型矿热炉一般采用人工加料，而大、中型矿热炉则是通过炉顶料仓下面的加料管加入炉内。对封闭式矿热炉，其加料管直接伸入炉内料面控制位置，加料管内随时充满炉料，当炉料熔化下沉时，料管中的料自动落入炉内。

　　炉料沿电极周围堆成锥体并保持适当的料面高度，这样可以保证控制好上升炉气好下降炉料间的热交换，使气体均匀地从表面逸出，保证锰矿良好的加热和分解还原，有利于减少热损失和锰的挥发损失。加料要做到勤加、少加，塌料或出铁后应先堆料，再加新料。生产中应经常用铁杆戳穿炉料，消除结块和挂料，防止炉气的积聚。因为炉气积聚会形成针状气孔，增加锰的损失。出铁工艺大型矿热炉采用留渣法操作，渣从渣口放出，铁水从出铁口放出，渣铁分离好，锰的回收率高，炉前操作简单，有降低电耗、提高元素回收率和提高生产能力的综合效果。铁水的浇注可采用直接铸块或间接铸块的方式。直接铸块是将炉内出来的铁水经长溜槽直接流进平面的铸铁床，连续放入几炉后，用铲车产出送至破碎机加工成合格铁块。也可将铁水经长溜槽先流入座包，再注入带式或环式铸铁机浇注。间接铸块是将铁水出至盛钢桶内，多余的炉渣流入阶梯排列的几个铸铁模中；盛钢桶中的铁水可以缴入铸铁锭模内，或其他铸铁机内。炉渣冲水后，做铺路材料。

　　敞口矿热炉炉况正常的标志：料面透气性良好，料面均匀冒短而黄的火焰，无塌料、刺火现象；炉料均匀下沉；三项电流基本平衡，电极深插稳插；铁渣流动性好；出铁后料面下沉好，炉内炉边无结渣，熔化区大。

　　封闭式矿热炉炉况正常的标志：炉内压力稳定，一般微正压（0~400Pa）操作，以保持炉气量和炉气成分稳定，炉气含氢量要小于 8%，含氧量要小于 3%。过大的正压会破坏炉子的密封性，密封性遭破坏的表现为炉顶冒烟喷火，过低的负压将会吸入空气，使煤气中氧含量增加，易引起爆鸣甚至爆炸事故。

4.4.5 高碳锰铁生产配料计算

计算以 100kg 锰矿为基础，求焦炭、石灰需要量。

4.4.5.1 原料成分

混合锰矿：Mn 34%，Fe 10%，P 0.12%，SiO_2 9%，CaO 1.5%；

焦炭含固定碳 83%，含水约 10%；

石灰含 CaO 85%。

4.4.5.2 计算参数

锰矿中元素分配为：Mn 入合金 78%，入渣 10%，挥发 12%；Fe 入合金 95%，入渣 5%；P 入合金 75%，入渣 5%，挥发 20%。

炉渣碱度：$R = 1.4$。

冶炼锰铁成分（质量分数）：Mn 66%，Si 2%，C 6.5%，P 小于 0.3%，除铁以外其他杂质总和为 0.5%。

出铁口排碳及炉口燃烧损失约 10% 左右。

4.4.5.3 配料计算

A 合金重量及成分计算

锰、铁、磷的总量：

$$100 \times 34\% \times 78\% + 100 \times 10\% \times 95\% + 100 \times 0.12\% \times 75\% = 36.11 \text{kg}$$

锰、铁、磷所占合金的总量：

$$100\% - w(C) - w(Si) - 其他 = 100\% - 6.5\% - 2.0\% - 0.5\% = 91\%$$

100kg 锰矿能得到合金总量为：

$$36.11 \div 91\% = 39.68 \text{kg}$$

合金成分：

含 Mn 量：$[(100 \times 34\% \times 78\%) \div 39.68] \times 100\% = 66.8\%$

含 P 量：$[(100 \times 0.12\% \times 75\%) \div 39.68] \times 100\% = 0.227\%$

含 Si 量：$39.68 \times 2\% = 0.794 \text{kg}$

含 C 量：$39.68 \times 6.5\% = 2.58 \text{kg}$

B 焦炭用量

锰矿中各氧化物还原用碳量：

$MnO + C \rule[0.5ex]{1em}{0.4pt} Mn + CO$　还原 MnO 用碳量为：$\dfrac{100 \times 0.34 \times (0.78 + 0.12) \times 12}{55} = 6.68 \text{kg}$

$FeO + C \rule[0.5ex]{1em}{0.4pt} Fe + CO$　还原 FeO 用碳量为：$\dfrac{100 \times 0.1 \times 0.95 \times 12}{56} = 2.04 \text{kg}$

$SiO_2 + 2C \rule[0.5ex]{1em}{0.4pt} Si + 2CO$　还原 SiO_2 用碳量为：$\dfrac{0.7936 \times 24}{28} = 0.68 \text{kg}$

$P_2O_5 + 5C \rightleftharpoons 2P + 5CO$ 还原 P_2O_5 用碳量为：$\dfrac{100 \times 0.0012 \times (0.75 + 0.20) \times 60}{62} = 0.11\text{kg}$

合金含碳为：2.58kg

总用碳量为：6.68 + 2.034 + 0.68 + 0.11 + 2.58 = 12.09kg

考虑出铁口排碳及炉口烧损，折合成含水 10% 的焦炭量：

$$12.09 \div 0.83 \div 0.9 \div 0.9 = 17.98\text{kg}$$

C   石灰用量

渣中 SiO_2 量：$100 \times 9\% - 0.794 \times 60 \div 28 = 7.3\text{kg}$

需要石灰量：$w([SiO_2]) \times 1.4 - (100 \times 1.5\%) \div 0.85 = 10.26\text{kg}$

D   料批配比

混合锰矿 100kg，焦炭 17.98kg，石灰 10.26kg。

4.4.6 高碳锰铁生产节能

4.4.6.1 精料入炉

提高入炉锰矿石品位。入炉锰矿石含锰量越高，随矿石带入的杂质元素越少，在锰回收率相同的情况下，渣量形成少，由渣带走的热量相应降低。

锰矿预热及预还原。锰矿预热入炉是降低锰铁电耗的途径之一，生产实际表明当锰矿预热到 550℃ 入炉时，电耗比冷装降低约 8%；预热到 950℃ 时，电耗降低约 20%。锰矿预还原工艺是将各种还原料按配比一起磨碎，经过预先造球后装入回转窑内，用矿热炉排出的炉气加热提温到 1100 ~ 1150℃，碳酸锰类分解、氧化铁还原成金属，而锰矿中的各种锰的氧化物还原至 MnO。这样可以降低电耗并提高生产率。

控制焦炭含水量并适量增加块煤用量。焦炭中的含水量不仅仅消耗大量的分解热、汽化热，增加电耗，同时与石灰混合在一起，导致块状石灰粉化阻碍炉料透气性，电极周围强烈喷火、翻渣、电耗显著上升，要求焦炭含水量不超过 5%，必要时采用干燥窑烘干。使用块煤代替部分冶金焦有降低电耗的作用。

严格控制石灰质量。生灰、老灰尽量少，生灰、老灰和粉灰都会使产品电耗升高。炉料配入适量煅烧白云石提高炉渣中 MgO 的含量，有利于提高锰的回收率，降低产品电耗。

4.4.6.2 选择合理的设备参数

在相同的原材料和操作条件下，不同的设备参数就会出现不同的冶炼效果。高碳锰铁的还原温度较低，炉渣的流动性能较好，一般认为大直径电极、大极心圆和大炉膛、深炉膛。"三大一深"参数是冶炼高碳锰铁炉型的特点。

4.4.7 高碳锰铁生产技术经济指标及原辅材料消耗

高碳锰铁矿热炉的炉容在 12500kV·A 左右，年工作天数 330 ~ 340 天，产品合格率高于 99.5%，元素回收率 73% ~ 75%；中低碳锰铁电炉的容量在 3500kV·A 以上，年工作天数 300 ~ 315 天，产品合格率 95% ~ 99%，元素合格率 65% ~ 70%。炉容都呈增大的趋势。

高碳锰铁生产的主要技术经济指标见表 4 - 9。

表4-9　高碳锰铁生产的主要技术经济指标

项 目		主要技术经济指标
主要经济技术指标	冶炼电耗/kW·h·t^{-1}	2600~3000
	年工作天数/d	340~345
	产品合格率/%	>99.5
	元素回收率/%	70~75
	入炉料平均含锰量/%	>30
	渣铁比/kg·t^{-1}	1600~2500
主要原材料及辅助材料消耗	锰矿、烧结矿/kg·t^{-1}	2900~3000
	平均含锰量/%	>30
	焦炭/kg·t^{-1}	450~500
	石灰/kg·t^{-1}	400~550
	电极糊或石墨电极/kg·t^{-1}	25~35
	电极壳/kg·t^{-1}	1.5~2.0
	钢材/kg·t^{-1}	2~3
	锭模及渣罐/kg·t^{-1}	15~20
	耐火材料/kg·t^{-1}	20~25

4.5　中低碳锰铁

4.5.1　中低碳锰铁的用途、牌号及生产方法

中低碳锰铁广泛应用于特殊钢生产，是炼钢的重要原料之一，也应用于电焊条的生产。

中低碳锰铁的牌号及其对应的化学成分见表4-10。

表4-10　电炉锰铁牌号及其化学成分（GB/T 3795—2006）

类别	牌 号	化学成分/%						
		Mn	C	Si		P		S
				I	II	I	II	
低碳锰铁	FeMn88C0.2	85.0~92.0	≤0.2	≤1.0	≤2.0	≤0.10	≤0.30	≤0.02
	FeMn84C0.4	80.0~87.0	≤0.4	≤1.0	≤2.0	≤0.15	≤0.30	≤0.02
	FeMn84C0.7	80.0~87.0	≤0.7	≤1.0	≤2.0	≤0.20	≤0.30	≤0.02
中碳锰铁	FeMn82C1.0	78.0~85.0	≤1.0	≤1.5	≤2.5	≤0.20	≤0.35	≤0.03
	FeMn82C1.5	78.0~85.0	≤1.5	≤1.5	≤2.5	≤0.20	≤0.35	≤0.03
	FeMn78C2.0	75.0~82.0	≤2.0	≤1.5	≤2.5	≤0.20	≤0.40	≤0.03

中低碳锰铁的生产方法有电硅热法、摇炉法和吹氧法三种。电硅热法是在精炼电炉（倾动式的石墨电极电弧炉）中用锰矿对锰硅合金精炼脱硅（即用锰硅合金还原锰矿）而

得到中低碳锰铁，是目前冶炼中低碳锰铁的主要的方法。按入炉料的状态不同，分为冷装法和热装法。加入的炉料全部为冷料成为冷装法；锰矿和石灰稍加余热，而锰硅合金为液态装入的称为热装法。锰矿和石灰是冷料，而锰硅合金为液态装入的称为锰硅热装法。冷装法是生产中低碳锰铁的传统方法。

4.5.2　中低碳锰铁生产用原料

电硅热法生产中低碳锰铁的原料有锰矿、锰硅合金和石灰。

对锰矿的要求是：Mn > 40%，Mn/Fe > 7，P < 0.1%，SiO_2 < 15% 的富锰氧化矿。冶炼中低碳锰铁不宜采用烧结矿和富锰渣。锰矿的粒度不大于50mm，水分应小于6%。

对锰硅合金的要求是：含碳量应根据所炼中低碳锰铁的含碳量确定，含锰量越高越好。通常含锰量为67% ~ 69%。采用冷装时，锰硅合金的粒度小于30mm，并去掉高碳层。采用液态锰硅合金兑入法，热兑时将渣扒干净。

对石灰的要求是：CaO > 85%，P ≤ 0.02%，SiO_2 ≤ 3%，粒度8 ~ 40mm，不得带有碳质夹杂物，不应使用粉状、未烧透的石灰。

4.5.3　中低碳锰铁冶炼原理

用碳质还原剂还原锰矿，因为容易生成 Mn_3C，因而只能得到含碳6% ~ 7%的高碳锰铁，减少炉内的还原剂用量并不能降低合金的碳含量。

中低碳锰铁的主要生产方法是电硅热法，其冶炼原理如下。

炉料中的锰矿在受热过程中，锰的高价氧化物随着温度的升高逐步分解，变成低价氧化物。锰矿受热分解生成 Mn_3O_4 以后，在继续升温的同时，部分高价氧化物直接与硅反应生成低价氧化物或锰金属，其反应如下：

$$2Mn_3O_4 + Si = 6MnO + SiO_2$$

$$Mn_3O_4 + 2Si = 3Mn + 2SiO_2$$

未被还原的 Mn_3O_4 受热分解成 MnO，熔化进入炉渣中，继续被合金熔液中的硅还原，其反应式为：

$$2MnO + Si = 2Mn + SiO_2$$

由于反应生成物 SiO_2 与 MnO 结合成硅酸盐 $MnO \cdot SiO_2$，造成反应物 MnO 的活度降低。为了提高 MnO 的还原效果，提高锰的回收率，需要在炉料中配入一定量的石灰，将MnO 从硅酸锰中置换出来。其反应式为：

$$CaO + MnO \cdot SiO_2 = MnO + CaO \cdot SiO_2$$

$$2CaO + MnO \cdot SiO_2 = MnO + 2CaO \cdot SiO_2$$

加入的石灰量应适宜，过高会增加渣量使炉渣变稠，反应还会使炉温升高，电耗增加，锰的挥发损失也增加。实际生产中通常把炉渣碱度 $\dfrac{w(CaO) + w(MgO)}{w(SiO_2)}$ 控制在 1.3 ~ 1.5 的范围内。

4.5.4 中低碳锰铁冶炼工艺

冷装法是生产中低碳锰铁的传统方法，采用的精炼炉为倾动式石墨电极电弧炉。中低碳锰铁的冶炼过程包括补炉、引弧、加料、熔化、精炼和出铁。

补炉：炉衬用镁质材料筑成。炉衬在冶炼的高温下，受炉渣和金属的侵蚀以及电弧高温的作用，炉底和炉膛耐火材料逐渐变薄，出铁口更易损坏，上炉出完铁后，要立即进行堵出铁口和补炉。

引弧、加料和熔化：补炉结束后，先在炉底铺一层从料批中抽出的部分石灰，随之加部分锰硅合金引弧，再将其余混合料一次性加入炉内。炉料加完后，给电至满负荷。为减少热损并缩短熔化期，要及时将炉膛边缘的炉料推向电极附近和炉心，但要防止翻渣和喷溅。待炉料基本熔清后（此时合金含硅已降至3%～6%，炉渣碱度和含锰量也接近终渣），便进入精炼期。

精炼：由于在熔化末期炉渣温度已达到1500～1600℃，脱硅反应已基本结束，故精炼期脱硅速度减慢。为加速脱硅，缩短精炼时间，应对熔池进行多次搅拌，并定时取样判断合金含硅量，确定出铁时间。合金含硅量一般控制在1.5%～2.0%范围内。当精炼一段时间后，合金含硅量还高，可往炉内附加一些锰矿和石灰，继续精炼至含硅量合格后方可出炉。延长精炼时间，能使渣中含锰量降低，但会导致锰的挥发损失和电能消耗的增加。因此不宜过分强调渣中含锰量。

出铁：当合金含硅量基本达到要求时，即可停电进行镇静，使渣中金属粒充分沉降，然后出铁。出铁时，合金和炉渣一起流入铁水包，由于出铁时炉渣和合金间产生混冲作用，所以在炉外还可脱去0.2%～1.0%的硅。刚出炉的铁水温度较高，并混有熔渣，不得立刻浇注，防止烧坏锭模和造成铁中夹渣，应镇静降温一定时间后浇注，采用覆盖渣保温浇注。浇注用模深度不宜超过300mm，否则会使合金中心部位因降温过慢，产生偏析，造成杂质富集，严重时使产品报废。

4.5.5 中低碳锰铁生产配料计算

以电硅热法生产中碳硅锰铁配料计算为例，计算以100kg锰矿为基础，计算所需锰硅合金量及石灰量。

4.5.5.1 计算条件

（1）中碳锰铁成分：$Mn > 78\%$，$P < 0.25\%$，$Si < 1.5\%$，$C \approx 1.25\%$左右。

（2）原料成分见表4-11。

表4-11 原料成分 （%）

原料名称	Mn	P	C	Si	Fe	CaO	MgO	SiO$_2$	Al$_2$O$_3$
混合锰矿	40	0.09			5.3	0.5	0.4	14	5.7
锰硅合金	67	0.16		19					
石灰			1.25			85		0.7	

（3）锰矿中各元素的分配表见表4-12。

表 4 - 12　元素分配　　　　　　　　　　　　　　（%）

元　素	Mn	Fe	P
入合金	30	90	70
入渣	50	10	5
挥发	20		25

（4）锰硅合金中个元素分配：硅 8% 入合金，硅利用率 75%（不包括进入合金的 8%），锰、铁、磷 100% 入合金。

（5）炉渣碱度 $CaO/SiO_2 = 1.4$。

4.5.5.2　配料计算

A　锰硅合金需要量计算

还原锰矿中主要矿物所需硅量计算为：

$2Mn_3O_4 + Si == 6MnO + SiO_2$　还原 Mn_3O_4 需要硅量为 $\dfrac{100 \times 0.4 \times 28}{330} = 3.4kg$

$2MnO + Si == 2Mn + SiO_2$　还原 MnO 需要硅量为 $\dfrac{100 \times 0.4 \times (0.3 + 0.2) \times 28}{110} = 5.09kg$

$2Fe_2O_3 + Si == 4FeO + SiO_2$　还原 Fe_2O_3 需要硅量为 $\dfrac{100 \times 0.053 \times 28}{224} = 0.66kg$

$2FeO + Si == 2Fe + SiO_2$　还原 FeO 需要硅量为 $\dfrac{100 \times 0.053 \times 0.9 \times 28}{112} = 1.19kg$

总需要硅量为：$3.4 + 5.09 + 0.66 + 1.19 = 10.34kg$

则锰硅合金需要量为：$10.34 \div 0.19 \div 0.75 = 72.56kg$

B　石灰需要量的计算

锰矿带入的 SiO_2 量：$100 \times 0.14 = 14kg$

锰硅合金中的硅生成的 SiO_2 的量：$(72.56 \times 0.19 \times 0.92 \times 60) \div 28 = 27.178kg$

渣中 SiO_2 量：$14 + 27.178 = 41.178kg$

需要的石灰量：$(41.178 \times 1.4 - 100 \times 0.5\%) \div (0.85 - 0.7\% \times 1.4) = 68kg$

4.5.5.3　料批组成

锰矿 100kg，锰硅合金 72.56kg，石灰 68kg。

4.5.6　中低碳锰铁生产技术指标及原辅材料消耗

中低碳锰铁生产的主要技术经济指标如表 4 - 13 所示。

表 4 - 13　中低碳锰铁生产的主要技术经济指标

项　目		指　标
主要经济技术指标	冶炼电耗/kW·h·t⁻¹	1400 ~ 1800
	年工作天数/d	300 ~ 315
	产品合格率/%	>99.5
	元素回收率/%	60 ~ 70
	入炉料平均含锰量/%	>36
	渣铁比/kg·t⁻¹	1700 ~ 3500

续表 4 - 13

项　　目	指　　标
锰矿、烧结矿/kg·t⁻¹	1400 ~ 1600
平均含锰量/%	>36
锰硅合金/kg·t⁻¹	1000 ~ 1100
石灰/kg·t⁻¹	950 ~ 1200
电极糊或石墨电极/kg·t⁻¹	20 ~ 25 或 25 ~ 30
电极壳/kg·t⁻¹	2 ~ 3
钢材/kg·t⁻¹	2 ~ 3
锭模及渣罐/kg·t⁻¹	14 ~ 20
耐火材料/kg·t⁻¹	60 ~ 70

主要原材料及辅助材料消耗 — (左栏标题对应上述各行)

4.6　锰硅合金

4.6.1　锰硅合金的用途、牌号及生产方法

锰硅合金是由硅、锰、铁及少量碳和其他元素组成的合金，用途广，产量在矿热炉铁合金产品中排第二位。

硅锰合金是钢铁行业不可缺少的复合脱氧剂，其脱氧产物熔点低、颗粒大、容易上浮、脱氧效果好。还是电硅热法生产中低碳锰铁和金属锰的还原剂。

根据使用对象不同，通常把炼钢时用的锰硅合金称作商品锰硅合金，把冶炼中低碳锰铁使用的锰硅合金称作自用锰硅合金，把冶炼金属锰是用的锰硅合金称作是高硅锰硅合金。

自用锰硅合金除了普遍采用炉后镇静及浇铸等工艺措施外，冶炼工艺过程与商品锰硅合金没有明显区别；高硅锰硅合金生产过程中，铁元素作为杂质而受到严格的控制，其生产工艺方式与普通的锰硅合金区别明显。锰硅合金矿热炉正朝着大型化、全封闭的方向发展。

锰硅合金的牌号及化学成分见表 4 - 14。

表 4 - 14　锰硅合金牌号及化学成分（GB/T 4008—2008）

牌　号	化学成分/%						
	Mn	Si	C	P			S
				Ⅰ	Ⅱ	Ⅲ	
FeMn64Si27	60.0 ~ 67.0	25.0 ~ 28.0	≤0.5	≤0.10	≤0.15	≤0.25	0.04
FeMn67Si23	63.0 ~ 70.0	22.0 ~ 25.0	≤0.7	≤0.10	≤0.15	≤0.25	0.04
FeMn68Si22	65.0 ~ 72.0	20.0 ~ 23.0	≤1.2	≤0.10	≤0.15	≤0.25	0.04
FeMn62Si23	60.0 ~ 65.0	20.0 ~ 25.0	≤1.2	≤0.10	≤0.15	≤0.25	0.04
FeMn68Si18	65.0 ~ 72.0	17.0 ~ 20.0	≤1.8	≤0.10	≤0.15	≤0.25	0.04

续表 4 - 14

牌　号	化学成分/%						
	Mn	Si	C	P			S
				I	II	III	
FeMn62Si18	60.0~65.0	17.0~20.0	≤1.8	≤0.10	≤0.15	≤0.25	0.04
FeMn68Si16	65.0~72.0	14.0~17.0	≤2.5	≤0.10	≤0.15	≤0.25	0.04
FeMn62Si17	60.0~65.0	14.0~20.0	≤2.5	≤0.20	≤0.25	≤0.30	0.05

锰硅合金是在矿热炉中用碳同时还原锰矿中的氧化锰和硅石中的二氧化硅而炼制出来的。采用的冶炼设备和操作方法与冶炼高碳锰铁基本相同。

4.6.2　锰硅合金生产用原料

生产锰硅合金的原料有锰矿、富锰渣、硅石、焦炭、白云石（或石灰石）、萤石。

锰矿和富锰渣：可使用单一锰矿或几种锰矿（含富锰渣）的混合矿。锰矿含锰应较高，且应有更高的锰铁比和锰磷比。含锰越高，电耗越低。要求混合锰矿中 Mn 含量应不低于 30%，有些品种应不低于 35%，Mn/Fe 比大于 4.3，有些品种要求 8 以上，P/Mn 比应低于 0.0036，有些品种要求小于 0.0034。冶炼锰硅合金对锰矿中的二氧化硅通常不限制。锰矿中的杂质 P_2O_5 要低，以避免合金中含磷量的升高。锰矿粒度一般为 10~80mm，小于 10mm 的不超过总量的 10%。

硅石：$SiO_2 \geq 97\%$，$P_2O_5 < 0.02\%$，粒度 10~40mm，不带泥水及杂物。

焦炭：固定碳不低于 84%，灰分不高于 14%，焦炭粒度一般中小型矿热炉使用 3~13mm，大型矿热炉使用 5~25mm。

对石灰的要求与冶炼高碳锰铁相同。

白云石：$MgO \geq 19\%$，$SiO_2 \leq 2.0\%$，用于生产高硅锰硅合金的白云石，其中 $Fe_2O_3 \leq 0.4\%$。中小型矿热炉粒度要求为 10~40mm，大型矿热炉其粒度为 25~60mm。

4.6.3　锰硅合金冶炼原理

在炉料的冶炼受热过程中，炉料中的锰和铁的高价氧化物在炉料区被高温分解或 CO 还原低价氧化物，到 1373~1473K 时，高价氧化锰逐渐被充分还原成 MnO，全部的 FeO 进一步还原成 Fe；MnO 比较稳定，只能用碳进行还原，由于炉料中 SiO_2 较高，MnO 还没来得及还原与之反应结合成了低熔点的硅酸锰。因此，MnO 的还原反应实际上是在液态炉渣的硅酸锰中进行的。

$$MnO + SiO_2 \longequal MnSiO_3$$
$$2MnO + SiO_2 \longequal Mn_2SiO_4$$

由于锰与碳能生成为能稳定的化合物 Mn_3C，用碳直接还原得到的是锰的碳化物 Mn_3C。其反应式是：

$$MnO \cdot SiO_2 + 4/3C \longequal 1/3Mn_3C + SiO_2 + CO\uparrow$$

炉料中的氧化铁比氧化锰容易还原，预先还原出来的铁与锰形成共熔体 $(Mn \cdot Fe)_3C$，极大改善了 MnO 的还原条件。

随着温度的升高，硅也被还原出来，其反应式是：

$$SiO_2 + 2C =\!=\!= Si + 2CO \uparrow$$

由于硅与锰能够生成比 Mn_3C 更稳定的化合物 MnSi，当还原出来的 Si 遇到 Mn_3C 时，Mn_3C 中的碳被置换了出来，造成合金中碳下降，其反应式为：

$$1/3Mn_3C + Si =\!=\!= MnSi + 1/3C$$

随着还原出来的硅含量的提高，碳化锰受到破坏，合金中的碳含量进一步降低。

用碳从液态炉渣中还原生成锰硅合金的总反应式是：

$$MnO \cdot SiO_2 + 3C =\!=\!= Mn_3Si + 3CO \uparrow \quad \Delta G = 3821656.6 - 2435.67T$$

在锰硅合金的冶炼过程中，为了改善硅的还原条件，炉料中必须有足够的 SiO_2，以保证冶炼过程始终处在酸性渣下进行；但是，如果渣中 SiO_2 过量，又会造成排渣困难，通常冶炼锰硅合金的炉渣成分为：$(SiO_2) = 34\% \sim 42\%$、$(CaO + MgO)/SiO_2 = 0.6 \sim 0.8$、$Mn < 8\%$。同时炉料中的磷也有 75% 进入合金。

4.6.4 锰硅合金冶炼工艺

生产锰硅合金的工艺与生产高碳锰铁基本相同，采用有渣法冶炼。但熔炼过程中出现的炉渣熔点低、黏度大，炉况的掌握比生产高碳锰铁难，为此要求精心操作，正确判断和及时处理炉况。硅锰合金冶炼工艺流程如图 4-5 所示。

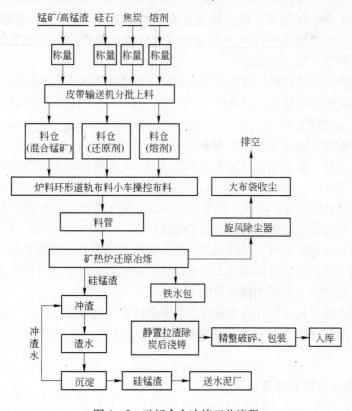

图 4-5 硅锰合金冶炼工艺流程

正常炉况的标志是：电极插入深度合适，三相电流均衡，炉口火焰均匀，炉料均衡下降，产品和炉渣成分合适且稳定，各项技术经济指标良好。

准确配料是保证得到正常炉况的关键，配料中的主要问题是配碳量的问题。使用足够的碳质还原剂是熔炼锰硅合金必不可少的条件之一。因为在锰硅合金的冶炼中，炉料已早期成渣，炉料熔化速度快，还原困难，因此焦炭的配入量应在保证电极足够插入深度的前提下尽量多用些。

为了能够用足够炭量，炉膛内必须有较大的高温反应区，否则会出现电极上移或局部出现过还原状态，使炉底上涨，排渣困难，进而导致炉况恶化。用炭量不足，常引起炉口翻渣，负荷波动，合金中锰、硅含量下降。

熔炼锰硅合金时，位于炉膛渣层上面有一被炉渣浸泡和包围的焦炭层，该焦炭层对加速还原反应和电功率的均衡分布其重要作用。随着炉料过剩炭的积累，该焦炭层加厚，也会引起电极上移，所以出铁口排炭是必要和正常的。

配碳量是根据公式算出来的，但要把矿热炉上的一些实际情况考虑进去。例如炉渣碱度高、炉渣稀、出铁带走的生料多，配碳量可以大些；又如旧的出铁口炉眼大，出铁时带走的焦炭多、配碳量也要大些。

炉渣碱度对锰硅合金的冶炼也有很大的影响。碱度过高，成渣温度提不高，加之 CaO 与 SiO_2 结合成硅酸盐，使 SiO_2 的还原困难，合金含硅量上不去。此外，碱度过高，炉渣过稀，出铁时带走的生料多，出铁口也容易被烧坏，炉眼也不好堵，因此碱度不能太高。

锰的回收率是生产锰硅合金的一项重要指标。提高锰回收率就要减少进入炉渣和随同炉气逸出的锰。炉渣中锰含量与炉渣碱度有关。碱度越高，渣中含锰量越低实践经验认为：当碱度由 0.2 增大到 0.7 ~ 0.8 时，锰的回收率随着碱度的增加而提高，当碱度进一步提高时，锰的回收率反而降低。

为了减少随炉况逸出的锰，就要避免高温区过于集中，减少锰的挥发，因此二次电压不能过高。如果电极插的极深，料柱厚，炉气外逸时有较长的行程，炉料能够吸收部分挥发的锰，可减少锰的挥发损失。

封闭矿热炉冶炼锰硅合金时，判断炉况除根据原料情况（粒度、成分）、电极位置、炉渣碱度、合金成分、渣量外，还要考虑炉气成分、炉膛各部分温度变化等情况，进而进行全面的分析。

锰硅合金每昼夜出铁 5 ~ 12 次，铁渣同时放出。由于排渣比较困难，有时要进行人工拉渣，出铁后用耐火黏土与焦粉的混合物堵塞铁口。

合金铸锭前，先将渣倒出，并向残留在铁水包内的合金表面的渣中加入砂子，使其凝固，防止浇注时分离不好的酸性渣落入合金锭内。锰硅合金可用浇注机浇注，也可浇入锭模。为了改善合金质量，可采用铁水包的下浇注法。

熔炼锰硅合金时，由于碳在液态锰硅合金中的溶解度随温度的降低为减少，液态锰硅合金在凝固前，通过保温镇静可使溶解的碳和碳化硅上浮，从而得到含碳量更低的锰硅合金。

4.6.5　锰硅合金生产配料计算

以 100kg 混合锰矿为计算基础，求所需焦炭、硅石量，并计算出炉渣碱度。

4.6.5.1 原料化学成分

按品种要求混合锰矿 $Mn/Fe \geqslant 4.5$，$P/Mn < 0.0025$。

原材料化学成分如下：

混合矿：Mn 30%，P 0.061%，FeO 3%，SiO_2 23.9%，CaO 9%，MgO 1.1%，Al_2O_3 4.3%。

硅石：P 0.008%，FeO 0.5%，SiO_2 97%。

焦炭：固定碳82%，灰分15%，挥发分20%，含水约10%。

灰分组成为：FeO 6%，SiO_2 45%，CaO 4%，MgO 1.2%，Al_2O_3 3%。

4.6.5.2 计算依据

元素分配比为：

Mn 入合金78%，入渣10%，挥发12%；

Si 入合金40%，入渣50，挥发10%；

Fe 入合金95%，入渣5%；

P 入合金85%，入渣5%，挥发10%。

锰硅合金化学成分：Mn 70%；Si 20%；C 1%；Fe 8%；P 0.18%。

出铁口排碳及炉口燃烧损失10%。

4.6.5.3 合金质量的计算

合金量为：$100 \times 30\% \times 78\% \div 70\% = 33.4kg$

合金中硅量为：$100 \times 30\% \times 78\% \div 70\% \times 20\% = 6.7kg$

合金中磷含量为：$100 \times 0.061\% \times 85\% \div 33.4 \times 100\% = 0.155\%$

4.6.5.4 焦炭用量的计算

还原各种氧化物用碳量计算为：

$MnO + C \rightleftharpoons Mn + CO$ 还原 MnO 用碳量为：$\dfrac{100 \times 0.3 \times (0.78 + 0.12) \times 12}{55} = 5.9kg$

$SiO_2 + 2C \rightleftharpoons Si + 2CO$ 还原 SiO_2 用碳量为：$\dfrac{67 \times (0.4 \div 0.1)}{0.4} \times \dfrac{24}{28} = 6.87kg$

$FeO + C \rightleftharpoons Fe + CO$ 还原 FeO 用碳量为：$\dfrac{100 \times 3\% \times 95\% \times 12\%}{72} = 0.48kg$

锰硅合金含碳：$\dfrac{100 \times 30\% \times 78\% \times 1\%}{70\%} = 0.334kg$

总用碳量为：$5.9 + 6.87 + 0.48 + 0.334 = 13.584kg$

考虑出铁口排碳及炉口烧损后，折合成水10%焦炭量为：

$$13.584 \div 0.82 \div 0.9 \div 0.9 = 20.4kg$$

4.6.5.5 硅石用量的计算

硅石用量为：

$$\left(\frac{6.7}{0.4} \times \frac{60}{28} - 23.9 \right) \div 0.97 = 12.4kg$$

4.6.5.6 炉渣碱度的计算

锰硅合金炉渣中含 SiO_2 38% ~42%，取 SiO_2 40% 计算炉渣量。炉渣量为：

$$(12.4 \times 0.97 + 23.9 + 20.4 \times 0.15 \times 0.45) \times 0.5/0.4 = 46.7kg$$

炉渣碱度为：

$$R = (CaO + MgO)/SiO_2 = [9 + 1.1 + 20.4 \times 0.15 \times (0.04 + 0.012)]/18.67 = 0.548$$

以上炉渣碱度稍低，可加适量石灰调整，合适的炉渣碱度为 $0.6 \sim 0.7$。如采用碱度为 0.698，则加石灰（石灰含 CaO 85%）量为：$18.67 \times (0.698 - 0.548)/0.85 = 3.3kg$。

4.6.5.7　炉料配比

每批料的组成为：混合锰矿 100kg，硅石 12.4kg，焦炭 20.4kg，石灰 3.3kg。

4.6.6　锰硅合金生产节能

4.6.6.1　准确配料

准确配料，特别是准确配入还原剂，不仅可以保证产品质量，而且可以保证炉况顺行，取得良好的冶炼效果，并达到节能效果。如还原剂过剩量太多时，电极上抬也多，炉底温度降低，合金中含硅量反而降低；当炉料中还原剂不足时，碳层减薄，电极插入料层较深，电流不稳，炉渣变黏，锰回收率偏低，磷升高。因此，配料准确，特别是还原剂配量的恰当与否，与炉况顺行和节电关系极大。

4.6.6.2　选择合适的炉渣碱度

炉渣碱度是影响炉况以及各项技术经济指标的重要因素。应将碱度控制在 $0.5 \sim 0.8$。碱度过高，渣量相对增加，用于化渣的电能随之增加。碱度过低，炉渣发黏，排渣困难，容易引起喷火翻渣，炉渣的导电性大大下降，常常送不满电荷，炉温低，硅还原困难，合金中硅低碳高，渣中跑锰多。

4.6.6.3　少渣操作

少渣即减少料批中的石灰配量，降低炉渣碱度。采用大型矿热炉，减少出铁次数和减少焦炭用量，可提高矿热炉热容量，增加炉内金属和炉渣的压力，使低碱度炉渣也能顺利从渣口排出，并能与金属很好的分离。国外资料介绍，每吨铁的渣量由 1150kg 降低到 600kg 后，产品单位电耗从 $3520kW \cdot h/t$ 降低到 $3000kW \cdot h/t$。

4.6.6.4　锰矿烧结、冷压球团的应用

重视原料准备，实施精料入炉。入炉前对原料应进行整粒、过筛、粒度小于 6mm 的进行烧结，冶炼时大都倾向搭配 $20\% \sim 55\%$ 的烧结矿来改善炉料的透气性。采用锰矿冷压球团的生产可使炉况稳定，吃料快，透气性好，不翻渣，不刺火，各项技术经济指标得到明显改善。

4.6.6.5　计算机的使用

锰硅合金矿热炉采用计算机控制可实现"操作过程最佳化"。如某锰硅合金矿热炉应用计算机装置后系统配料误差由 5% 降至 1%，炉况、电耗、优良品级率都有明显改善，可节电 5.6%，增产 9.23%，品级率提高 8.17%。

4.6.7　锰硅合金生产技术经济指标及原辅材料消耗

锰硅合金矿热炉的炉容相对较大，有 $12500kV \cdot A$、$16500kV \cdot A$、$25000kV \cdot A$、$30000kV \cdot A$、$31500kV \cdot A$ 及以上。锰硅合金生产的主要技术经济指标见表 4 – 15。

表 4-15 锰硅合金生产的主要技术经济指标

项 目		指 标
主要经济技术指标	冶炼电耗/kW·h·t^{-1}	4400~4700
	动力用电/kW·h·t^{-1}	100~150
	年工作天数/d	325~330
	产品合格率/%	99.5
	元素回收率/%	75~78
	入炉料含锰品位/%	29~32
	渣铁比/kg·t^{-1}	1500~2000
主要原材料及辅助材料消耗	锰矿、烧结锰矿/kg·t^{-1}	2600~2900
	平均含锰量/%	29~32
	硅石/kg·t^{-1}	250~350
	焦炭/kg·t^{-1}	520~600
	白云石/kg·t^{-1}	0~100
	电极糊/kg·t^{-1}	40~50
	电极壳/kg·t^{-1}	2~3
	钢材/kg·t^{-1}	2~3
	锭模及渣盘/kg·t^{-1}	7~9
	耐火材料/kg·t^{-1}	5~10

4.7 金 属 锰

4.7.1 金属锰的用途及牌号

金属锰是以锰单质为主,其他各种成分均作为杂质加以严格限制的纯锰金属。

金属锰主要用于生产高温合金、不锈钢、有色金属合金和低碳高强度钢的添加剂、脱氧剂和脱硫剂;其中绝大部分用于生产铝锰合金、不锈钢和不锈钢焊条等。

金属锰的牌号及化学成分见表 4-16。

表 4-16 电炉金属锰牌号及化学成分 (GB/T 2774—2006)

牌 号	化学成分/%					
	Mn	C	Si	Fe	P	S
JMn98	≥98.0	≤0.05	≤0.3	≤1.5	≤0.03	≤0.02
JMn97-A	≥97.0	≤0.05	≤0.4	≤2.0	≤0.03	≤0.02
JMn97-B	≥97.0	≤0.08	≤0.6	≤2.0	≤0.04	≤0.03
JMn96-A	≥96.5	≤0.05	≤0.5	≤2.3	≤0.03	≤0.03
JMn96-B	≥96.0	≤0.10	≤0.8	≤2.3	≤0.04	≤0.03
JMn95-A	≥95.0	≤0.15	≤0.8	≤2.8	≤0.03	≤0.02

牌　号	化学成分/%					
	Mn	C	Si	Fe	P	S
JMn95 - B	≥95.0	≤0.15	≤0.8	≤3.0	≤0.04	≤0.03
JMn93	≥93.5	≤0.20	≤1.5	≤3.0	≤0.04	≤0.03

金属锰的生产方法有铝热法、电硅热法和电解法三种。

铝热法采用铝作还原剂,利用还原氧化锰释放的化学热进行冶炼,可以炼制含锰高于90%的低牌号金属锰。铝热法对原料的要求严格,生产过程不能去除杂质,耗铝量大,生产成本高,国内采用较少。

电硅热法生产金属锰应用广泛,是在精炼炉内用高硅锰硅合金中的硅还原富锰渣中的MnO生产的,生产成本比较低,但与电解法相比,对锰矿的品位要求比较高,获得的金属锰纯度不高,含锰约为94%~98%。

电解法采用直流电解硫酸锰溶液,获得含锰极高的金属锰(品位在99.8%),可以使用的矿石类型和品位比较广,甚至可以使用一些贫锰矿。但生产过程中要消耗大量的化工原料和电能,相应的生产成本也高。电解法金属锰主要应用于制取特种合金。

4.7.2　电硅热法金属锰生产用原料

电硅热法冶炼金属锰的原料有富锰渣、高硅锰硅合金、石灰、萤石等。

富锰渣:富锰渣是在高炉或矿热炉中通过控制用碳量、供热制度和造渣制度,对锰矿石中的锰、铁、磷等氧化物进行选择性还原,在确保铁、磷充分还原的基础上,抑制锰元素的还原,使易于还原的铁和磷等氧化物优先还原而沉积在高炉或矿热炉炉缸底部,较难还原的锰元素从高价氧化物还原成低价氧化物,并以低价氧化锰的形式进入熔渣而成为低铁、低磷的富锰渣。生产金属锰所用富锰渣应根据所炼金属锰的牌号合理选择,粒度小于50mm。

高硅锰硅合金:应根据所炼金属锰的牌号合理选用高硅锰硅合金,粒度小于30mm。

石灰:要求 CaO 含量大于95%,硫、磷、铁等杂质含量低,粒度 10~50mm。石灰中不得夹杂有煤渣等杂质,生烧与过烧率总和不得大于10%。有条件的地方可以使用煅烧白云石代替部分石灰,以提高渣中 MgO 含量,有利于提高锰的回收率,降低产品电耗。

萤石:要求 $CaF_2 \geq 80\%$,$S \leq 0.05$,粒度不大于50mm。

4.7.3　电硅热法金属锰冶炼原理

电硅热法生产金属锰的全过程共分三步,其生产工工艺流程图如图 4 - 6 所示。

第一步:在矿热炉内用锰矿石冶炼低磷低铁富锰矿,其基本原理是把锰矿及少量的还原剂加入炉内,在较低的温度(略高于 FeO 和 P_2O_5 的还原温度)将铁和磷尽可能地还原出来,而将锰尽可能多的留在渣中,即进行选择还原。

其化学反应式为:

$$FeO + C = Fe + CO \qquad T_{开} = 685\text{℃}$$

$$P_2O_5 + 5C = 2P + 5CO \qquad T_{开} = 763\text{℃}$$

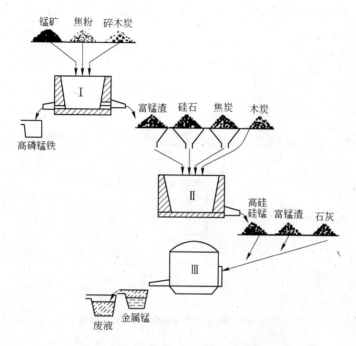

图 4-6　电硅热法生产金属锰的工艺流程

需要抑制的化学反应式为：

$$MnO + C \Longrightarrow Mn + CO \qquad T_{开} = 1370℃$$

第二步：在矿热炉内用富锰渣生产高硅锰硅合金。其主要化学反应式为：

$$MnO \cdot SiO_2 + 3C \Longrightarrow MnSi + 3CO$$

锰硅合金中的碳含量随着硅含量的增加而减少，其化学反应式为：

$$[MnC_x] + [Si] \Longrightarrow [MnSi] + xC$$

获得的锰硅合金通过炉外镇静降碳处理，把碳含量降至 0.05% ~0.15%。

第三步：在精炼炉内以富锰渣为原料，高硅锰硅合金作还原剂，石灰作熔剂冶炼生产金属锰。其化学反应式为：

$$2MnO + MnSi + 2CaO \Longrightarrow 3Mn + CaO \cdot SiO_2$$

锰硅合金中硅含量随着渣中 SiO_2 含量和温度的升高而升高，其关系表达式为：

$$Si = -2.699 + 0.166 \times 10^2 T + 0.107 \times 10^2 (SiO_2)^2$$

由于 SiO_2 易于和 MnO 作用生成 $MnO \cdot SiO_2$，使自由 MnO 还原困难；为了改善 MnO 的还原，提高锰的回收率，需要加入石灰，以置换 MnO，使其成自由状态，其反应方程式为：

$$MnO \cdot SiO_2 + 2CaO \Longrightarrow 2CaO \cdot SiO_2 + MnO$$

为使 MnO 呈自由状态，应使炉渣碱度（CaO/SiO_2）≥ 1.8。

4.7.4　电硅热法金属锰冶炼工艺

由前述电硅热法冶炼金属锰的原理可知，冶炼金属锰是通过三个阶段实现的，即首先在矿热炉中冶炼低磷、低铁富锰渣；第二步在矿热炉中冶炼高硅锰硅合金；第三步在电弧炉冶炼金属锰，第三步的物理化学反应与冶炼中低碳锰铁相似。电硅热法金属锰生产工艺流程如图4-7所示。

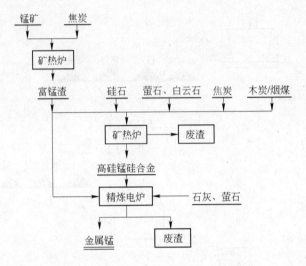

图4-7 电硅热法金属锰生产工艺流程

4.7.4.1 富锰渣的冶炼操作要点

所用原料有锰矿、焦炭和木炭。锰矿中含 Mn≥33% ~36% ，Mn + Fe≥44% ~46% ，粒度小于15mm，杂质含量尽可能低；焦炭中的固定碳不低于75% ，灰分不高于18% ，粒度低于15mm。

冶炼富锰渣的要求是让铁、磷充分还原进入副产铁，并限制锰的还原。采取的措施包括：控制冶炼温度较低、控制还原剂的用量、采用酸性渣，这些都可限制锰的还原。

生产富锰渣的主要方法是连续法，在矿热炉内进行。连续法将料面维持在适当水平，随炉料熔化下沉及时补加炉料，按规定时间间隔出炉，出炉后，为使炉渣中的铁珠完全沉降，需要在渣坑或渣包中镇静一段时间后再放渣浇注。

4.7.4.2 高硅锰硅合金的冶炼操作要点

冶炼高硅锰硅合金的主要原料有富锰渣、硅石、焦炭、木炭、烟煤、白云石、萤石等。富锰渣根据所炼高硅锰硅合金牌号选定，粒度不大于50mm；硅石中 SiO$_2$ 应大于99% ，粒度10 ~30mm；焦炭固定碳大于75% ，粒度8 ~15mm；木炭含碳大于70% ，粒度50mm，可用烟煤替代。白云石要求 MgO 大于19% ，SiO$_2$ 不大于2% ，Fe$_3$O$_4$ 不大于0.4% ，粒度10 ~40mm。萤石中 CaF$_2$ 大于70% ，含铁低。

冶炼在矿热炉中进行，使用石墨电极或碳素电极，避免因自焙电极的电极壳对合金增铁，原理与锰硅合金相同。

操作中做到"低料面、深电极、满负荷"。及时调整配料比和炉况；控制炉渣碱度(CaO + MnO)/SiO$_2$ 在0.6 ~0.8；浇注做到"低温、细流、慢速"。

4.7.4.3 金属锰的冶炼操作要点

上一炉出炉后进行补炉，在炉底加部分石灰，然后在三相电极下面加少量高硅锰硅合金引弧，再加入富锰渣和石灰的混合料盖住弧光。待电弧稳定后，立即将剩下的炉料全部加入炉内，呈馒头状，为防止熔化因炉渣碱度过高而使金属增碳，石灰在料层中分布应该由下往上逐渐增多。炉料全部加完后，采用较高一级电压，电力加至满负荷。此后，应根据炉料的熔化情况及时推料助熔。待炉料基本化清后或出炉前加入少量萤石以稀释炉渣，并加强搅拌以促进脱硫、脱硅反应进行。为加速炉内脱硅反应，可向熔池吹入压缩空气，以加强熔池的搅拌。可通过观察从熔池中取出的试样来判断含硅量，决定出铁时间。

出铁时合金和炉渣同时流入铁水包中，铁水包溢出的炉渣流入渣罐中。浇注采用盖渣浇注法，即将铁水和炉渣同时浇入锭模，冷却后，高碱度炉渣自然粉化，与金属锰分离。

生产金属锰时，从原料到操作要特别注意不使碳、铁等杂质进入合金，并避免石墨电极直接接触金属液，造成产品增碳。

冶炼金属锰时炉渣碱度对冶炼过程及其技术经济指标有很大的影响，通常控制在 2.0 ~2.2。碱度过高时，硅利用率降低，电耗高，合金含碳量有增高趋势，锰回收率降低；碱度太低时，炉衬侵蚀严重，锰回收率降低，合金含硅不易控制。

4.7.5 金属锰生产节能

根据炉料熔化情况，及时推料助熔，以加速熔化和防止局部过热、空烧和冒黑烟。可减少锰的挥发损失，降低电耗。

国内外硅热法冶炼金属锰的总电耗（包括冶炼富锰渣和高硅锰硅合金用电）约在 $10000kW \cdot h/t$ 左右。把液态富锰渣直接加入到冶炼金属锰的电炉内能降低单位电耗。

4.7.6 金属锰生产技术经济指标及原辅材料消耗

用于生产金属锰的电炉容量不大，多在 $1500kV \cdot A$ 左右。金属锰生产技术经济指标及主要原辅材料消耗指标见表 4 - 17。

表 4 - 17　金属锰生产技术经济指标

项目		指标
主要经济技术指标	冶炼电耗/$kW \cdot h \cdot t^{-1}$	3000 ~ 3400
	年工作天数/d	300 ~ 315
	产品合格率/%	>99.0
	元素回收率/%	60 ~ 70
	入炉料含锰品位/%	44 ~ 46
主要原材料及辅助材料消耗	电炉富锰渣/$kg \cdot t^{-1}$	1800 ~ 1900
	平均含锰量/%	44 ~ 46
	锰硅合金/$kg \cdot t^{-1}$	600 ~ 650（高硅）
	石灰/$kg \cdot t^{-1}$	1900 ~ 2000
	萤石/$kg \cdot t^{-1}$	160 ~ 200
	电极糊或石墨电极/$kg \cdot t^{-1}$	140 ~ 150
	耐火材料/$kg \cdot t^{-1}$	140 ~ 150

4.8　高碳铬铁

4.8.1　高碳铬铁的用途、牌号及生产方法

铬是钢中重要的合金元素，可显著改善钢的抗腐蚀性和抗氧化能力，提高耐磨性和保持高温强度。钢中的铬主要在冶炼时以铬铁合金的形式加入。冶炼铬铁的主要矿物是铬矿。

高碳铬铁牌号见表 4-18。高碳铬铁主要用作含碳较高的滚珠钢、工具钢和高速钢的合金剂，提高钢的淬透性，增加钢的耐磨性和硬度；用作铸铁的添加剂，改善铸铁的耐磨性和提高硬度，同时使铸铁具有良好的耐热性；用作无渣法生产硅铬合金和中、低、微碳铬铁的含铬原料；用作电解法生产金属铬的含铬原料；用作吹氧法冶炼不锈钢的原料。

表 4-18　高碳铬铁牌号及化学成分（GB/T 5683—2008）

牌　号	化学成分/%									
	Cr			C	Si		P		S	
	范围	I	II		I	II	I	II	I	II
FeCr67C6.0	60.0~72.0			≤6.0	≤3.0		≤0.03		≤0.04	≤0.06
FeCr55C6.0		≥60.0	≥52.0	≤6.0	≤3.0	≤5.0	≤0.04	≤0.06	≤0.04	≤0.06
FeCr67C9.5	60.0~72.0			≤9.5	≤3.0		≤0.03			
FeCr55C10.0		≥60.0	≥52.0	≤10.0	≤3.0	≤5.0	≤0.04	≤0.06	≤0.04	≤0.06

高碳铬铁主要在矿热炉内用熔剂法连续生产。

4.8.2　高碳铬铁生产用原料

冶炼高碳铬铁的原料有铬矿、焦炭和硅石。

铬矿要求：$Cr_2O_3 \geqslant 40\%$，$Cr_2O_3/(\sum FeO) \geqslant 2.5$，$S < 0.05\%$，$P < 0.07\%$，$MgO$ 和 Al_2O_3 含量不能过高；粒度 10~70mm 为宜，难熔矿粒度应适当小些。

焦炭要求：含固定碳不小于 84%，灰分小于 15%，$S < 0.6\%$，粒度 3~20mm。

硅石要求：$SiO_2 \geqslant 97\%$，$Al_2O_3 \leqslant 1.0\%$，热稳定性能好，不带泥土，粒度 20~80mm。

4.8.3　高碳铬铁冶炼原理

高碳铬铁的冶炼方法主要有高炉法和矿热炉法。在高炉内只能制得含铬量在 30% 左右的特种生铁。目前，含铬高的高碳铬铁大多采用熔剂法在矿热炉内冶炼。

矿热炉冶炼高碳铬铁的基本原理是碳还原铬矿中铬和铁的氧化物。其主要反应有：

$$2/3Cr_2O_3 + 2C \rightleftharpoons 4/3Cr + 2CO \qquad \Delta G^{\ominus} = 123970 - 81.22T \quad T_{开} = 1523K$$

$$2/3Cr_2O_3 + 26/9C \rightleftharpoons 4/9Cr_3C_2 + 2CO \qquad \Delta G^{\ominus} = 114410 - 82.50T \quad T_{开} = 1373K$$

$$2/3Cr_2O_3 + 18/7C \rightleftharpoons 4/21Cr_7C_3 + 2CO \qquad \Delta G^{\ominus} = 115380 - 82.09T \quad T_{开} = 1403K$$

$$2/3Cr_2O_3 + 54/23C \rightleftharpoons 4/69Cr_{23}C_6 + 2CO \qquad \Delta G^{\ominus} = 118270 - 81.75T \quad T_{开} = 1448K$$

从以上反应可以看出，在碳还原铬矿时得到的是铬的碳化物，而不是金属铬。因此，只能得到含碳较高的高碳铬铁。而且铬铁中含碳量的高低取决于反应温度，生成含碳量高的碳化物比生成含碳量低的碳化物更容易。实际生产中，炉料在加热过程中先有部分铬矿与焦炭反应生成 Cr_3C_2；随着炉料温度升高，大部分铬矿与焦炭反应生成 Cr_7C_3；温度进一步升高，Cr_2O_3 对合金起着精炼脱碳作用。这些反应是：

$$14/5Cr_3C_2 + 2/3Cr_2O_3 \Longrightarrow 4/3Cr + 6/5Cr_7C_3 + 2CO \qquad \Delta G^\ominus = 130050 - 74.03T \quad T_{开} = 1763K$$

$$1/3Cr_{23}C_6 + 2/3Cr_2O_3 \Longrightarrow 9Cr + CO \qquad \Delta G^\ominus = 156740 - 28.15T \quad T_{开} = 2003K$$

与此同时，矿石中的氧化铁在比较低的温度下已经被还原，而铬还原后与铁形成化合物 $(Cr, Fe)_2C_3$，使铬还原更易进行。

铬的还原温度不高，但冶炼时温度很高，这是因为铬铁的熔点在 1773～1823K 以上，黏度还很大，要使铬铁从炉中流出来必须提高炉温，实际冶炼炉温要达到 1923～2023K。

4.8.4　高碳铬铁冶炼工艺

矿热炉熔剂法生产高碳铬铁采用连续操作方法。其生产工艺流程如图4-8所示。

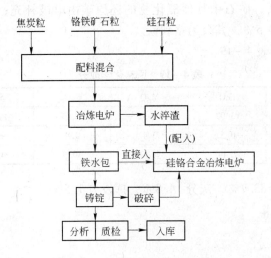

图 4-8　高碳铬铁冶炼工艺流程

原料按焦炭、硅石、铬矿顺序进行配料，以利混合均匀。敞口炉通过给料槽把料加到电极周围，料面成大锥体。封闭炉由下料管直接把料加入炉内。冶炼时应随着炉内炉料的下沉而及时补充新料，以保持一定的料面高度。

出铁次数根据电炉容量大小而定，大电炉每隔2h出铁一次，铁与渣同时从铁口放出。在出铁后期出渣不顺利时，应用圆钢通畅炉眼，以帮助排渣。出铁时间为10min左右。根据炉衬的冲刷程度确定堵眼深度。炭砖内衬用耐火黏土泥球堵眼，镁砖内衬用一定比例的镁砂粉和耐火黏土泥球堵眼，铁水经扒渣后浇注，粒化或直接送转炉吹炼。

每炉都应取样分析合金中的 Cr、C、Si、S 四种元素，还应定期分析炉渣中主要氧化物 MgO、Al_2O_3、SiO_2、CaO 和 Cr_2O_3，以检验产品质量和帮助判断炉况。

合金中的铬铁含量取决于铬矿中 $Cr_2O_3/(\sum FeO)$ 和铬的回收率。合金中的碳含量主要与铬矿的物理性能有关。合金含硅量波动在 0.1%～0.5%。合金中的硫80%左右来自焦炭，因此要降低合金硫含量，必须采用低硫焦炭。

高碳铬铁的熔点高达 1500℃以上，因此炉温通常控制在 1650 ~ 1700℃，相应的炉渣的熔点也应控制在此范围内。

当铬矿中的 Cr_2O_3 和 FeO 被还原后，剩下的主要氧化物为 MgO 和 Al_2O_3。这两种氧化物的熔点都很高，必须加熔剂（硅石）以降低其熔点，才能从炉内流出。因此，熔剂的用量就直接影响炉渣的成分。硅石的加入量应根据 $Al_2O_3 - MgO - SiO_2$ 三元系相图确定的。

炉渣成分的选择因使用的原料、产品中碳、硅含量要求不同而不同。国内某厂生产含碳量为 6% ~ 10% 的高碳铬铁，其渣的主要成分含量控制为（质量分数）：MgO 38% ~ 42%，Al_2O_3 17% ~ 21%，SiO_2 28% ~ 32%，渣中 Cr_2O_3 含量在 5% 以下。

4.8.5　高碳铬铁生产配料计算

配料计算是计算焦炭和熔剂的配入量，而熔剂的配入量则根据所选炉渣成分而定。

4.8.5.1　计算条件

铬矿中 Cr_2O_3 95% 被还原进入合金，其余入渣；铬矿中 FeO 98% 被还原进入合金，其余入渣；焦炭烧损 10%，矿石中其他氧化物的还原碳由电极补充；焦炭灰分全部入渣；合金成分：C 9%、Si 0.5%，其余为铬和铁。

原料化学成分列于表 4 - 19。

表 4 - 19　原料化学成分　　　　　　　　　　　（%）

名称	Cr_2O_3	FeO	MgO	Al_2O_3	SiO_2	CaO
铬矿	41.3	13.02	19.32	12.18	11.45	1.5
硅石		0.5	0.4	0.8	97.8	13.02
焦炭灰分		7.44	1.72	30.9	45.8	4.3

焦炭成分：固定碳 83.7%，灰分 14.8%，挥发分 1.5%。

4.8.5.2　配料计算

A　合金用量和成分

从 100kg 铬矿中还原出来并进入合金中的铬为：

$$Cr_2O_3 + 3C \Longrightarrow 2Cr + 3CO \qquad 41.3 \times 0.95 \times 104/152 = 26.84kg$$

从 100kg 铬矿中还原出来并进入合金中的铁为：

$$FeO + C \Longrightarrow Fe + CO \qquad 13.02 \times 0.98 \times 56/72 = 9.92kg$$

合金中铬和铁占总合金含量的百分比为：$(100 - 9 - 0.5)/100 \times 100\% = 90.5\%$

合金用量为：$(26.84 + 9.92)/0.905 = 40.62kg$

由此得合金成分、用量为：

元素	用量/kg	成分/%
Cr	26.84	66.1
Fe	9.92	24.4
C	3.66	9
Si	0.2	0.5
共计	40.62	100

B 焦炭需要量的计算

还原 Cr_2O_3 所需碳量为：$26.84 \times 3 \times 12/104 = 9.29 kg$

还原 FeO 所需碳量为：$9.92 \times 12/56 = 2.13 kg$

还原 SiO_2 所需碳量为：$0.2 \times 24/28 = 0.17 kg$

合金增碳所需碳量为：$40.62 \times 0.09 = 3.66 kg$

总计需碳量为：$9.29 + 2.13 + 0.17 + 3.66 = 15.25 kg$

折算成干焦炭量为：$15.25/(0.837 \times 0.9) = 20.24 kg$

C 硅石配入量的计算

自然炉渣成分及其数量见表 4-20。

表 4-20 自然炉渣组成和数量

氧化物	来自矿石/kg	来自焦炭/kg	总 计	
			kg	%
MgO	$100 \times 0.1932 = 19.32$	$20.24 \times 0.148 \times 0.172 = 0.05$	19.37	39.49
Al_2O_3	$100 \times 0.1218 = 12.18$	$20.24 \times 0.148 \times 0.309 = 0.93$	13.11	26.73
SiO_2	$100 \times 0.1143 - 0.2 \times 66/28 = 11.02$	$20.24 \times 0.148 \times 0.458 = 1.39$	12.39	25.25
CaO	$100 \times 0.015 = 1.5$	$20.24 \times 0.148 \times 0.043 = 0.13$	1.63	3.32
Cr_2O_3	$100 \times 0.1413 \times 0.05 = 2.07$		2.07	4.22
FeO	$100 \times 0.1302 \times 0.02 = 0.25$	$20.24 \times 0.148 \times 0.0744 = 0.22$	0.48	0.98
总 计	46.35		49.05	100.00

渣中 MgO、Al_2O_3、SiO_2 的总量为：$19.37 + 13.11 + 12.39 = 44.87 kg$

折算成 MgO、Al_2O_3、SiO_2 三元渣系相时相应成分为：

MgO：$19.37/44.87 = 43\%$

Al_2O_3：$13.11/44.87 = 29\%$

SiO_2：$12.39/44.87 = 28\%$

从 MgO、Al_2O_3、SiO_2 三元相图查得，此渣的熔点在 1750℃ 左右，超过冶炼需要的温度。而生产实践表明，三元渣的熔点选择在 1700℃ 左右为好。由于渣中还有 FeO、CaO、Cr_2O_3 等氧化物，故炉渣实际熔点为 1650℃。若渣中的 MgO 和 Al_2O_3 的比例不变，渣中 SiO_2 的含量应在 34%，渣中 Al_2O_3 和 MgO 量为 66%。

如按上述炉渣成分，此时三元渣的总量为：$(19.37 + 13.11)/0.66 = 49.21 kg$

渣中 SiO_2 量为：$49.21 \times 0.34 = 16.73 kg$

配加硅石量为：$(16.73 - 12.39)/0.978 = 4.44 kg$

D 炉料组成

炉料组成为：铬矿 100kg，焦炭 20.24kg，硅石 4.44kg。

4.8.6 高碳铬铁生产节能

4.8.6.1 采用富矿

选用高品位铬矿，搭用易还原铬矿对矿石进行筛选、混匀等处理有利于使成分、粒度、水分稳定，提高产量降低电耗。

4.8.6.2 精心操作

渣型选择。渣型选择是高碳铬铁生产的关键。炉况的好坏、技术经济指标的好坏都受炉渣性能的影响。例如，炉渣熔点选择过高，炉渣与合金过热太多就会增加电耗。一般炉渣熔点应控制在1650℃左右，同时还应考虑黏度和电导率。

控制含硅量。合金含硅量控制偏高不利于降低电耗，合金中每增加1%的硅含量电耗要增加100kW·h/t左右。

回收渣中合金。高碳铬铁炉渣黏度较大，出铁后期铁水包中的半熔化料黏度更大，夹带的金属和未熔化的铬矿较多，大约有3%的金属进入炉渣损失掉。可人工手选渣中大块合金回收加进电炉重熔。

减少粘包铁。由于高碳铬铁熔点高，铁水包如不烘烤出铁时会在包壁粘铁，敲下回炉重熔增加电耗，因此，应用煤气烘烤铁水包。

精心操作。准确配料，精心维护炉况和设备，减少事故，对降低电耗也是十分重要的环节。

4.8.6.3　粉矿压块或球团

粉铬矿冶炼高碳铬铁的工艺流程有直接入炉冶炼和预处理后冶炼两种。预处理方式有烧结、制球和压块等工艺。烧结铬矿的热稳定性和还原性较好，矿耗和能耗低。使用预还原球团冶炼高碳铬铁，可以提高电炉生产能力、降低电耗。球团热装入炉效果更佳，产量接近翻番，电耗下降50%。预还原球团对高碳铬铁生产的节电效能最大，是发展的方向。这一工艺对于电力供应紧，又要求增加高碳铬铁的地区尤其适合。

4.8.7　高碳铬铁生产技术经济指标及原辅材料消耗

高碳铬铁矿热炉有6000kV·A、9000kV·A、12500kV·A、25000kV·A及以上规格，并且炉容有大型化趋势。高碳铬铁生产技术经济指标见表4-21。

表4-21　高碳铬铁合金生产技术经济指标

项　目		指　标
主要经济技术指标	冶炼电耗/kW·h·t^{-1}	2800~3200
	动力电耗/kW·h·t^{-1}	100~150
	年工作天数/d	300~345
	产品合格率/%	>99.5
	元素回收率/%	>91
	入炉料品位/%	Cr_2O_3 >40
	渣铁比/kg·t^{-1}	1000~1800
主要原材料及辅助材料消耗	铬矿/kg·t^{-1}	1800~2000
	平均含Cr_2O_3/%	>40
	硅石/kg·t^{-1}	80~130
	焦炭/kg·t^{-1}	400~500
	电极糊/kg·t^{-1}	20~30
	电极壳/kg·t^{-1}	2~3
	钢材/kg·t^{-1}	2~3
	锭模及渣盘（罐）/kg·t^{-1}	8~10
	耐火材料/kg·t^{-1}	15~20

4.9 中低碳铬铁

4.9.1 中低碳铬铁的牌号及生产方法

中低碳铬铁用于生产中低碳结构钢、铬钢、合金结构钢等，其牌号及化学成分见表 4–22。

表 4–22　中低碳铬铁牌号及化学成分（GB/T 5683—2008）

类别	牌号	化学成分/%									
		Cr			C	Si		P		S	
		范围	I	II		I	II	I	II	I	II
低碳	FeCr65C0.25	60.0~70.0			≤0.25	≤1.5		≤0.03		≤0.025	
	FeCr55C0.25		≥60.0	≥52.0	≤0.25	≤2.0	≤3.0	≤0.04	≤0.06	≤0.03	≤0.05
	FeCr65C0.50	60.0~70.0			≤0.50	≤1.5		≤0.03		≤0.025	
	FeCr55C0.50		≥60.0	≥52.0	≤0.50	≤2.0	≤3.0	≤0.04	≤0.06	≤0.03	≤0.05
中碳	FeCr65C1.0	60.0~70.0			≤1.0	≤1.5		≤0.03		≤0.025	
	FeCr55C1.0		≥60.0	≥52.0	≤1.0	≤2.5	≤3.0	≤0.04	≤0.06	≤0.03	≤0.05
	FeCr65C2.0	60.0~70.0			≤2.0	≤1.5		≤0.03		≤0.025	
	FeCr55C2.0		≥60.0	≥52.0	≤2.0	≤2.5	≤3.0	≤0.04	≤0.06	≤0.03	≤0.05
	FeCr65C4.0	60.0~70.0			≤4.0	≤1.5		≤0.03		≤0.025	
	FeCr55C4.0		≥60.0	≥52.0	≤4.0	≤2.5	≤3.0	≤0.04	≤0.06	≤0.03	≤0.05

中低碳铬铁的生产方法主要有电硅热法和高碳铬铁吹氧精炼法。电硅热法是在电炉内造碱性炉渣的条件下，用硅铬合金的硅还原铬矿中铬和铁的氧化物。电硅热法生产中低碳铬铁采用固定式三相电弧炉，可以使用自焙电极，炉衬用镁砖干砌。高碳铬铁吹氧法是将氧气直接吹入液态高碳铬铁中使其脱碳制得中低碳铬铁，使用的设备是转炉。

4.9.2 中低碳铬铁生产用原料

冶炼中低碳铬铁主要有高碳铬铁吹氧精炼法和电硅热法两种。

4.9.2.1 电硅热法

电硅热法冶炼中低碳铬铁的原料有铬矿、硅铬合金和石灰。

铬矿：干燥洁净的块矿或熔化性好的精矿粉，其中 $Cr_2O_3 > 40\%$，$Cr_2O_3/(\sum FeO) > 2.5$，杂质（Al_2O_3、MgO、SiO_2）含量越低越好。铬矿中 P < 0.03%、S < 0.05%。粒度小于 60mm。

硅铬合金：用作还原剂，粒度小于 30mm，不带渣子。

石灰：用作造渣剂，要求 $CaO \geqslant 85\%$，SiO_2、Al_2O_3 越低越好，以减少石灰用量。

4.9.2.2 高碳铬铁吹氧法

高碳铬铁吹氧法生产中低铬铁的原料是高碳铬铁、铬矿、石灰和硅铬合金。

高碳铬铁：兑入转炉的铬铁水温度要高，以减少初期铬的氧化，通常在 1500 ~ 1600℃。铁水的含铬量要高于 60%，但也不宜太高，铁水含硅量不超过 1.5%，铁水含硫量小于 0.036%。

铬矿：铬矿用作造渣材料，铬矿中的 SiO_2 含量要低，MgO、Al_2O_3 含量可适当高些，但黏度不能过大。

石灰：石灰用做造渣材料，其要求与电硅热法相同。

硅铬合金：用于吹炼后期还原高铬炉渣，一般可用硅铬合金破碎后筛下的粉末。

氧气：工业纯氧、含 $O_2 \geqslant 99\%$；压力：顶吹氧压约为 5 ~ 9kg/cm² （0.5 ~ 0.9MPa），底吹氧压约 2.5 ~ 5kg/cm² （0.25 ~ 0.5MPa）。

4.9.3　中低碳铬铁冶炼原理

4.9.3.1　电硅热法冶炼中低碳铬铁

电硅热法是在电炉内造碱性炉渣的条件下，用硅铬合金的硅还原铬矿中铬和铁的氧化物。其主要反应为：

$$2Cr_2O_3 + 3Si = 4Cr + 3SiO_2$$
$$2FeO + Si = 2Fe + SiO_2$$

由于渣中 SiO_2 含量的不断增多，使铬的还原反应难于进行，如不采取措施，还原时只能将矿石中 40% ~ 50% 的 Cr_2O_3 还原出来，单纯增加还原剂的数量，则合金中的硅要高出规定标准，造成废品，而且炉渣中的 Cr_2O_3 还是很高。为了提高铬的回收率，需向炉渣中加熔剂石灰，石灰中的 CaO 能与 SiO_2 化和生成稳定的硅酸盐 CaO·SiO_2、2CaO·SiO_2，以 2CaO·SiO_2 为最稳定，这样才能把渣中 Cr_2O_3 进一步还原出来。

冶炼中低碳铬铁一般将炉渣碱度 (CaO + MgO)/SiO_2 控制在 1.8 ~ 2.0，以便将铬矿中的 Cr_2O_3 最大限度还原。如碱度再提高不但不能大幅度降低炉渣中的 Cr_2O_3，而且由于渣量增加，炉渣中铬的总量及熔化炉料消耗的电能也增加。炉渣与金属之比（渣铁比）为 3.0 ~ 3.5。

4.9.3.2　高碳铬铁吹氧精炼法生产中低碳铬铁原理

吹氧法是将氧气直接吹入液态高碳铬铁中使其脱碳而制得中低碳铬铁。

高碳铬铁中的主要元素铬、铁、硅、碳等都能被氧气氧化。高碳铬铁吹氧精炼的主要任务是脱碳保铬。当氧气吹入液态高碳铬铁后，由于铬和铁的含量占合金总量的 90% 以上，所以首先氧化的是铬和铁，其反应是：

$$\frac{4}{3}Cr + O_2 = \frac{2}{3}Cr_2O_3$$
$$2Fe + O_2 = 2FeO$$

然后，这些氧化物将合金中的硅氧化掉。由于铬、铁、硅的被氧化，熔池温度迅速提高，脱碳反应迅速发展，其主要反应为：

$$\frac{1}{6}Cr_{23}C_6 + \frac{1}{3}Cr_2O_3 = \frac{9}{2}Cr + CO$$

而且温度越高，越有利于脱碳反应，并能抑制铬的氧化反应，合金中的碳可以降得越低。在常压下，吹炼含碳 2% 的产品的终点温度为 2038K，吹炼含碳 1% 产品的终点温度为2217K，吹炼含碳0.5%产品的终点温度为2423K。

4.9.4 中低碳铬铁冶炼工艺

4.9.4.1 电硅热法冶炼工艺

电硅热法生产中低碳铬铁是在三相电弧炉内造碱性炉渣的条件下，用硅铬合金作还原剂还原铬矿的三氧化二铬和铁的氧化物。对其设备、原料的要求和熔炼过程的操作工艺基本上与电硅热法生产微碳铬铁相同。但是，中低碳铬铁含碳量较微碳铬铁高，因此可以使用固定式电炉和自焙电极，而作为还原剂使用的硅铬合金含碳也相应提高，操作工艺也不像微碳铬铁要求那样细致。电硅热法中低碳铬铁的生产工艺流程如图4-9所示。

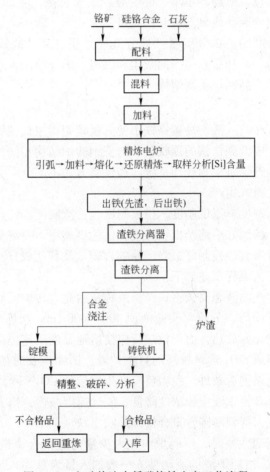

图4-9 电硅热法中低碳铬铁生产工艺流程

中低碳铬铁冶炼的主要环节是补炉、堵铁口、加料和熔化、精炼等。出铁后应立即用镁砂堵出铁口，并检查炉衬的侵蚀情况。当发现炉墙（主要是渣线）侵蚀严重时，应及时从料批中抽出部分石灰，或用镁砖头进行补炉。补好炉衬方可引弧送电。为促进化料，冶炼中低碳铬铁熔化期负荷要给足，以便提高炉缸温度，精炼期负荷可稍小一点。

加料有两种方法：一是混合加料，即将铬矿、石灰和硅铬合金一次混合加入炉内；再一种加料方法是分批加料方法，即将一炉炉料混合后，分几次加入炉内。前者是目前广泛应用的方法。其特点是送电后，将混合料一次缓慢的加到炉内，分布要微呈盆型，电极后面适当多些，大面适当少些。如果原料潮湿，可将料先下到炉子周围进行烘烤，待干燥后，用耙子徐徐推入炉内。为加速熔化和充分利用热量，根据化料情况，可用耙子将四周的炉料逐渐推入炉内高温区。从送电到炉料化完以后，这段时间叫熔化期。

精炼期是指炉内料化完后到出铁前，此阶段是还原反应，此期内应进行充分搅拌，以促进还原反应的进行。精炼期必须保持一定的精炼时间，太长会使金属增碳，并浪费电能；太短则还原反应进行的不彻底，金属回收率低。

出铁前应在三根电极的中间取样，判断含硅量，硅量低应补加硅铬进行调硅；硅高应酌情加铬矿脱硅处理。待成分合格即可出铁。

出铁前应准备好钢包，渣罐、小车、锭模等。成分合格，立即打开出铁口停电出铁。出铁口有时难开，使用烧穿器或氧气烧开出铁口。

出铁后将渣铁在特制的渣铁分离器（即分渣模）里分离。渣铁分离后，合金浇铸在锭模里或用铸铁机浇铸。冷却后除掉表面灰尘和夹渣，破碎按品种牌号入库，并将化学成分和物理形态不合格的产品回炉重新熔炼。

4.9.4.2　吹氧法

吹氧法是将氧气直接吹入液态高碳铬铁中使其脱碳制得中低碳铬铁。使用的设备是转炉，也称转炉法。生产中低碳铬铁的顶吹转炉与炼钢转炉结构相同，炉衬用镁砖砌筑，炉体有倾动机构，有氧枪升降机构和冷却系统。按供氧方式不同分侧、底、顶和顶底复吹四种。我国顶吹转炉法已投入生产。

吹炼操作包括装入制度、温度制度、供氧制度、造渣制度和终点控制等，即在吹炼过程中应进行合理装料，控制好冶炼及出铁温度，优化供氧压力及流量等参数，调整好炉渣的成分、熔点及黏度等参数，控制好最终产品的含碳量及其他成分。

顶吹氧气转炉的工艺流程概述如下：

首先将由矿热炉生产的液态高碳铬铁经扒渣称量后兑入转炉，然后摇正炉体，降下由高压水冷却的氧枪进行吹炼。氧枪喷头距液面 $400 \sim 600 \mathrm{mm}$。吹炼开始时铁水温度较低，硅、铬等元素首先被氧化并放热，由于放热反应使熔池温度迅速提高，脱碳反应随即大量进行。由于冶炼初期形成 SiO_2 含量较高的自然炉渣，因而应及时加造渣料保护炉衬并为以后加还原剂还原氧化铬创造条件。脱碳反应产生大量的 CO 气体，使火焰有暗红色逐渐变淡，较长而明亮。随着铬铁液中碳浓度降低，脱碳速度减慢，铬大量被氧化，炉口火焰收缩，此时应控制终点，待判断碳含量合格即停吹出铁。

出铁前，若炉渣流动性差时，可向炉内加入少量的硅铬合金进行预还原，降低渣中 Cr_2O_3 含量和炉渣碱度，增加炉渣的流动性。一般加入量为总加入量的 5%。出铁时，要同时向镁砖砌衬的铁水包中加入硅铬合金（也有加 FeSi75 的），以还原渣中铬，使终渣中 Cr_2O_3 含量控制在 27% 以下，CaO/SiO_2 为 0.5 左右。这样的炉渣可返回生产高碳铬铁。

浇铸前要调整流槽孔，浇铸要快而稳。铁锭厚度小于 60mm，浇铸半小时后脱模，经破碎精整入库。

为了延长炉龄，可通过对炉墙挂渣来实现。在开吹约 3min 时，将铬矿、石灰和镁砂按一定比例加入炉内造高熔点炉渣（造渣料的配比为铬矿 $60 \sim 100 \mathrm{kg/t}$，石灰 $40 \sim 70 \mathrm{kg/t}$，镁砂 $0 \sim 12 \mathrm{kg/t}$）。这样的炉渣在吹炼时由于气流的冲击作用粘在炉墙上，从而减少了高温和渣液对炉衬的直接冲刷作用。

4.9.5　电硅热法冶炼中低碳铬铁配料计算

计算以 100kg 铬矿为基础，求所需硅铬合金及石灰的用量。

4.9.5.1　原料成分

铬矿：Cr_2O_3 45%，FeO 23%，SiO_2 5%，Al_2O_3 13%，CaO 2%，MgO 8%，C 0.03%；

硅铬合金：Cr 28%，Si 48%，Fe 23%，C 0.5%，P 0.02%；

石灰：FeO 0.5%，SiO_2 1%，Al_2O_3 5%，CaO 80%，MgO 1%，C 0.03%。

4.9.5.2　计算条件

（1）铬矿中 Cr_2O_3 有 75% 被还原，有 25% 进入炉渣（15% 呈 Cr_2O_3 存在，10% 呈金属粒）。

（2）硅铬合金中硅的利用率为 80%（其中 3% 入合金），7% 以 Si 和 SiO 形式挥发，13% 进入炉渣。铁和铬各入合金 95%，入渣 5%。

（3）原料中磷有 50% 入合金，25% 入渣，25% 挥发。

4.9.5.3　配料计算

（1）还原 100kg 铬矿所需的硅量：

还原 Cr_2O_3：$2Cr_2O_3 + 3Si \Longrightarrow 4Cr + 3SiO_2$　　$45 \times 0.85 \times \dfrac{84}{304} = 10.59kg$

还原 FeO：　$2FeO + Si \Longrightarrow 2Fe + SiO_2$　　$23 \times 0.95 \times \dfrac{28}{114} = 4.25kg$

合计：　　　　　　　　　　$10.59 + 4.25 = 14.84kg$

折合成所需硅铬合金为：$14.84 \div (0.48 \times 0.80 \times 0.9) = 40kg$

（2）从硅铬合金带进金属中的各元素的质量：

Cr：$40 \times 0.28 \times 0.95 = 10.60kg$

Fe：$40 \times 0.23 \times 0.95 = 8.40kg$

（3）由铬矿带进金属中的各元素的质量：

Cr：$40 \times 0.75 \times \dfrac{104}{152} = 23.10kg$

Fe：$23 \times 0.090 \times \dfrac{56}{72} = 16.10kg$

（4）生成金属的质量及成分：

元素	质量/kg	合金成分/%
Cr	$10.60 + 23.10 = 33.70$	57.40
Fe	$8.40 + 16.10 = 24.50$	41.60
Si	$40 \times 0.48 \times 0.03 = 0.58$	1.0
合计	58.70	100

（5）应加入石灰量：

从铬矿带入的 SiO_2 量：　　　　$100 \times 0.05 = 5kg$

硅铬氧化物生成的 SiO_2 量：$\quad 40 \times 0.48 \times 0.90 \times \dfrac{60}{28} = 37\text{kg}$

合计：$\qquad\qquad\qquad\qquad 5 + 37 = 42\text{kg}$

渣中应有的 CaO（石灰）量：$\quad 42 \times 1.6 = 67\text{kg}$（碱度为 1.6）

应加入的石灰量：$\qquad\qquad 67/0.8 = 84\text{kg}$

（6）炉料组成：

铬矿 100kg，石灰 84kg，硅铬 40kg。

4.9.6　中低碳铬铁生产技术经济指标及原辅材料消耗

中低碳铬铁矿热炉有 3000kV·A、3500kV·A、5000kV·A 及以上规格，并且炉容有大型化趋势。中低碳铬铁生产技术经济指标见表 4 – 23。

表 4 – 23　中低碳铬铁合金生产技术经济指标

项　目		指　标
主要经济技术指标	冶炼电耗/kW·h·t⁻¹	1800 ~ 2200
	动力电耗/kW·h·t⁻¹	80 ~ 100
	年工作天数/d	320 ~ 330
	产品合格率/%	98 ~ 99
	元素回收率/%	78 ~ 85
	入炉料品位/%	$Cr_2O_3 > 40$
	渣铁比/kg·t⁻¹	3400 ~ 3800
主要原材料及辅助材料消耗	铬矿/kg·t⁻¹	1200 ~ 1600
	平均含 Cr_2O_3/%	>40
	萤石/kg·t⁻¹	30 ~ 40
	硅铬合金/kg·t⁻¹	520 ~ 620
	石灰/kg·t⁻¹	1200 ~ 1400
	电极糊或石墨电极/kg·t⁻¹	30 ~ 40 或 25 ~ 35
	电极壳/kg·t⁻¹	3 ~ 4
	钢材/kg·t⁻¹	5 ~ 8
	锭模及渣盘（罐）/kg·t⁻¹	20 ~ 25
	耐火材料/kg·t⁻¹	30 ~ 35

4.10　微 碳 铬 铁

4.10.1　微碳铬铁的牌号、用途及生产方法

微碳铬铁主要用于生产不锈钢、耐热钢和耐酸钢等，其牌号及成分见表 4 – 24。

表4-24 微碳铬铁牌号及化学成分（GB/T 5683—2008）

类别	牌号	化学成分/%									
		Cr			C	Si		P		S	
		范围	I	II		I	II	I	II	I	II
微碳	FeCr65C0.03	60.0~70.0			≤0.03	≤1.0		≤0.03		≤0.025	
	FeCr55C0.03		≥60.0	≥52.0	≤0.03	≤1.5	≤2.0	≤0.03	≤0.04	≤0.03	
	FeCr65C0.06	60.0~70.0			≤0.06	≤1.0		≤0.03		≤0.025	
	FeCr55C0.06		≥60.0	≥52.0	≤0.06	≤1.5	≤2.0	≤0.04	≤0.06	≤0.03	
	FeCr65C0.10	60.0~70.0			≤0.10	≤1.0		≤0.03		≤0.025	
	FeCr55C0.10		≥60.0	≥52.0	≤0.10	≤1.5	≤2.0	≤0.04	≤0.06	≤0.03	
	FeCr65C0.15	60.0~70.0			≤0.15	≤1.0		≤0.03		≤0.025	
	FeCr55C0.15		≥60.0	≥52.0	≤0.15	≤1.5	≤2.0		≤0.06	≤0.03	
真空法微碳铬铁	ZKFeCr65C0.010		≥65.0		≤0.010	≤1.0	≤2.0	≤0.025	≤0.030	≤0.03	
	ZKFeCr65C0.020		≥65.0		≤0.020	≤1.0	≤2.0	≤0.025	≤0.030	≤0.03	
	ZKFeCr65C0.010		≥65.0		≤0.010	≤1.0	≤2.0	≤0.025	≤0.035	≤0.04	
	ZKFeCr65C0.030		≥65.0		≤0.030	≤1.0	≤2.0	≤0.025	≤0.035	≤0.04	
	ZKFeCr65C0.050		≥65.0		≤0.050	≤1.0	≤2.0	≤0.025	≤0.035	≤0.04	
	ZKFeCr65C0.100		≥65.0		≤0.100	≤1.0	≤2.0	≤0.025	≤0.035	≤0.04	

　　微碳铬铁的冶炼方法主要有电硅热法、热兑法和真空固态脱碳法。电硅热法是将铬矿、硅铬合金和石灰加入电弧炉内，依靠电热使炉料熔化，硅铬合金中硅还原铬矿中的 Cr_2O_3 而制得，所用设备为电弧炉。热兑法是分别用不同的电炉熔炼得到液态硅铬合金及铬矿—石灰熔体，然后在另一容器里相混，依靠炉料的显热和反应热维持熔炼所需的高温。真空固态脱碳冶炼微碳铬铁是将高碳铬铁磨碎成粉，配入适当的氧化剂，经混料、压型、干燥和真空冶炼等工序而生产出来的一种产品，所用设备为真空电阻炉。

4.10.2 微碳铬铁生产用原料

4.10.2.1 电硅热法冶炼微碳铬铁的主要原料

　　电硅热法冶炼微碳铬铁的主要原料有铬矿、硅铬合金和石灰，也有的配加萤石和铁鳞。

　　铬矿应该干燥、块度小于50mm，含 $Cr_2O_3 > 40\%$ ， $Cr_2O_3/(\sum FeO) > 2.0$ ，含磷量不应大于0.03%。

　　冶炼含碳量为0.06%的微碳铬铁时，硅铬合金含碳应小于0.06%；冶炼含碳量为0.03%的微碳铬铁时，硅铬合金含碳量应小于0.03%。硅铬合金不得夹渣，块度不超过15mm，小于1mm的碎末筛去。

　　石灰要求 CaO 含量大于85%，含磷量小于0.02%。应使用新烧的石灰，块度为10~50mm。

　　萤石要求 CaF_2 含量80%，块度不宜太大，配料时加萤石可降低出渣熔点，有助于及早形成熔池加快化料速度。而且 CaF_2 可以减少熔体中 Cr_2O_3 和 FeO 进一步被氧化，从而减少 SiCr 合金的单耗。化料后当炉渣比较黏时加些萤石可稀释炉渣加速脱硅反应。

上述各种原料均不得夹带含 C 物质。

4.10.2.2　热兑法（波伦法）

热兑法主要原料是 SiCr 合金、铬矿、石灰。其技术条件同上。

4.10.2.3　真空法

真空法主要原料是碳素铬铁，对碳素铬铁的要求为：$Cr > 65\%$，$Si < 1.0\%$，$C\ 7\% \sim 9\%$，$P < 0.03\%$。高碳铬铁经颚式破碎机破碎到 20mm 以下后，再进入球磨机粉磨。

粉磨后的高碳铬铁进入回砖窑进行氧化焙烧。焙烧温度为 $850 \sim 1000℃$。焙烧后高碳铬铁含碳量为 $5\% \sim 6\%$，含氧量为 10% 左右。冷却后需再次球磨以磨碎烧结块。

根据烧结料含碳量和含氧量配入适量的未经焙烧的高碳铬铁粉，控制氧碳原子比。氧碳原子比对产品的质量有很大的影响，比值太低影响脱碳，而比值太高又会增加产品的夹杂含量，为使脱碳反应彻底，一般配入氧量稍有过剩，通常控制在 $1.05 \sim 1.15$。

将配有适量铬铁粉的焙烧料经干混，在配入适量的黏结剂进行湿混后，用压力机压制成圆柱体或砖块状，立放在托盘上，送入以硅碳棒为加热元件的电热干燥窑内进行干燥。用水玻璃做黏结剂时，团块的干燥温度控制在 400℃，干燥时间约 20h。

4.10.3　微碳铬铁冶炼原理

4.10.3.1　电硅热法冶炼微碳铬铁的冶炼原理

微碳铬铁电硅热法原理同中低碳铬铁电硅热法，炉内主要反应为：

$$2Cr_2O_3 + 3Si =\!=\!= 4Cr + 3SiO_2$$
$$2FeO + Si =\!=\!= 2Fe + SiO_2$$

随着反应的进行，渣中 SiO_2 的浓度越来越大，使 Cr_2O_3 的进一步还原发生困难，因此需加熔剂石灰进行调渣，以生成稳定的硅酸盐 $CaO \cdot SiO_2$ 和 $2CaO \cdot SiO_2$，降低渣中自由 SiO_2 的浓度，促进硅的还原反应持续进行，提高铬的回收率。

4.10.3.2　热兑法冶炼微碳铬铁的冶炼原理

热兑法（即波伦法）冶炼微碳铬铁工艺是将预先熔化的铬矿—石灰熔体和硅铬合金在炉外铁水包进行热兑操作，从而制得微碳铬铁。工艺的实质也是硅热法，只是脱硅反应在炉外进行。

4.10.3.3　真空法微碳铬铁冶炼原理

真空固态脱碳冶炼微碳铬铁是将高碳铬铁磨碎成粉，配入适当的氧化剂，经混料、压型、干燥和真空冶炼等工序而生产出来的一种产品。

在真空炉内于 $1523 \sim 1723K$ 温度下，铬和铁的碳化物与氧化物按下式进行反应：

$$5Cr_2O_3 + 14Cr_7C_3 =\!=\!= 27Cr_4C + 15CO$$
$$Cr_{23}C_6 + 2Cr_2O_3 =\!=\!= 27Cr + 6CO$$

反应产物—氧化碳被不断抽出，因此反应可在较低的温度下开始，并在固态下完成脱碳反应，而得到含碳量很低的铬铁。

氧化剂可使用铬或铁的氧化物，也可使用高品位的铬矿或铁矿。目前大都使用经氧化焙烧的高碳铬铁，高碳铬铁粉末在其焙烧过程中，碳被部分过程氧化除去，并且生成部分铬和铁的氧化物。

4.10.4　微碳铬铁冶炼工艺

微碳铬铁的冶炼方法主要有电硅热法、热兑法和真空固态脱碳法。

4.10.4.1　电硅热法

电硅热法微碳铬铁冶炼是将铬矿、硅铬合金和石灰加入电弧炉内，电硅热法微碳铬铁冶炼主要依靠电热使炉料熔化，硅铬合金中的硅还原铬矿中的 Cr_2O_3 而制得的。其工艺流程如图 4 – 10 所示。

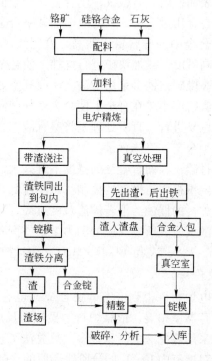

图 4 – 10　电硅热法冶炼微碳铬铁工艺流程

电硅热法微碳铬铁冶炼冶炼所用的设备为电弧炉。炉衬用镁砖砌筑，采用石墨电极。

电硅热法冶炼微碳铬铁采用间歇式作业，整个熔炼过程包括引弧加料、熔化、精炼和出铁四个时期。

引弧和加料时采用高电压小电流，以免跳闸和增碳，加料可采用集中加硅铬法和硅铬堆底法。集中加硅铬法是在初始入炉料铬矿和石灰熔化后，将硅铬合金集中一次加完，然后进行精炼，具有增碳机会少，质量易于保证，但热损失大，熔炼时间长，炉子生产效率较低的特点。硅铬堆底法根据引弧方式和炉料加入炉内的顺序不同又有回渣引弧、石灰铺底硅铬引弧和铬矿铺底硅铬引弧等操作方法。铬矿铺底硅铬引弧法克服了另两种方法的缺点，其操作工艺为：先在炉底平铺料批中 1/3 ~ 1/2 的铬矿（炉龄前期少铺，后期多铺），再将料批中 2/3 ~ 4/5 的硅铬合金均匀加在铬矿中，然后三相电极下面各加少量铬精矿粉，下插电极引弧。引弧后，再把铬矿、石灰的混合料加入炉内。高温区应多加，炉心料应扒平。

从送电到炉料熔化完的时间段是熔化期,熔化期随炉料的逐渐熔化,炉底出现熔池,电流趋向稳定,负荷自然增加,5min后即可满负荷操作。为了加速炉料熔化,应推料助熔,即及时将炉膛边沿炉料推向电极周围或炉心。

从炉料基本熔清到合金成分合格出铁的时间段为精炼期。精炼初期应将炉墙四周未熔化的炉料推向炉心,然后上抬三相电极,加入余下的硅铬合金。边加边用铁耙搅拌,加完后下插电极继续送电。精炼期是控制合金成分的最后阶段,应及时调整成分,取样分析含硅量,确定出铁时间。操作中经常根据试样冷凝时间及表面形状判断含硅量。若倒在样模中的液体试样冷凝缓慢,冷却后表面发亮,没有皱纹,则合金含硅量高,需继续精炼。若液体试样立即冷凝,凝固后表面发暗,有皱纹,则合金含硅量低。若炉料化清后合金含硅量就很低,说明料批中硅铬合金用量太少,此时应追加硅铬合金,下一炉料批中硅铬用量也应适当增加。若多次取样合金中的硅含量仍然高,说明渣碱度过低或硅铬合金用量太多,应向炉内补加石灰,提高碱度,或加块矿进行搅拌,使合金脱硅。

合金含硅合格即可出铁。微碳铬铁多采用带渣浇注或真空处理后浇注。带渣浇注是将合金和炉渣同时注入锭模,渣密度小盖在合金上使合金冷却减慢,以利于去除气体。由于高碱度渣易粉化,渣铁分离也易进行。真空处理是将盛有液态合金的铁水包放进真空室中密封后用真空泵抽气,以减少合金中气体含量。

微碳铬铁硬而韧,不易打碎,因而合金锭的厚度不宜太大,一般小于60mm。

电硅热法冶炼微碳铬铁要重视炉渣碱度的控制。碱度过低,熔渣中的 Cr_2O_3 不能被充分还原,低碱度炉渣加速对炉衬的侵蚀。但若炉渣碱度过高,则渣黏度增大,因为还原反应是炉渣-合金界面上的扩散反应,所以反应的动力学条件变差。电硅热法冶炼微碳铬铁炉渣中 CaO/SiO_2 控制在 1.6~1.8,或者 $(CaO+MgO)/SiO_2$ 控制在 2.0~2.2。

4.10.4.2 热兑法(波伦法)

热兑法是分别用不同的电炉熔炼得到液态硅铬合金(也有用固态硅铬合金的)与铬矿—石灰熔体,然后在另一容器里相混,依靠炉料的显热和反应热维持熔炼所需的高温,热兑法仍属电硅热法。国外采用热兑法的厂家较多。热兑法工艺流程如图4-11所示。

热兑法微碳铬铁冶炼按对熔渣中 Cr_2O_3 的分阶段还原的次数可分为一步热兑法、二步热兑法、三步热兑法。从所用还原剂的形态分为固—液热兑、半固(液)—液热兑、液—液热兑。

一步热兑法工艺流程如图4-12所示,操作工艺是:(1)用两台电炉分别生产硅铬合金和铬矿—石灰熔体;(2)硅铬铸锭破碎入热兑料仓备用;(3)熔体出炉倒入反应包并称重;(4)按熔体质量称出所需的硅铬合金,根据反应情况缓慢向熔体中加入硅铬合金;(5)将已加完硅铬的熔体倒入另一只反应包并来回倒包数次;(6)取样判断硅;(7)合格产品回渣浇注。

二步法热兑工艺的操作方式较多,瑞典特罗尔赫坦厂典型工艺(图4-13)为:(1)石灰、铬矿分别预热到600℃和200℃;(2)熔体出炉后进入反应包后称重,然后缓慢加入固态中间硅铬;(3)加完中间硅铬后,进行倒包继续脱硅并贫化熔体 Cr_2O_3,待包内反应平静后,经过初步拼花的中间渣倒入另一只反应包内,余下的成品铁水进行浇注;(4)向装有中间渣的反应包缓慢加入液态硅铬合金,进行二次还原,经倒包后进一步贫化 Cr_2O_3,得到中间硅铬,倒去低 Cr_2O_3 渣,然后将中间硅铬浇注、冷却、破碎备用。

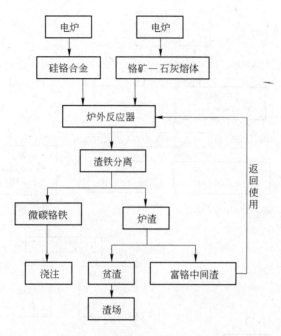

图 4 – 11　热兑法冶炼微碳铬铁流程

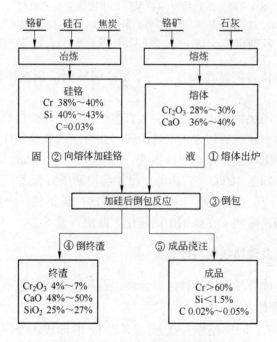

图 4 – 12　一步法热兑工艺流程

4.10.4.3　真空固态脱碳法

真空固态脱碳法是用磨细的碳素铬铁粉经不完全氧化焙烧，制成团块后于真空炉内熔炼，在固态下完成脱 C 反应。真空冶炼用的设备为真空电阻炉。

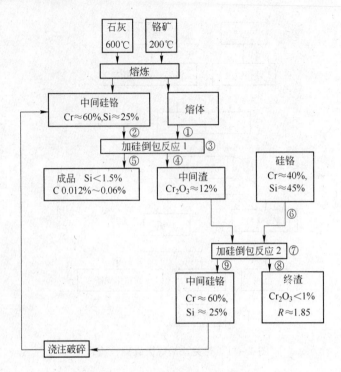

图 4 - 13　瑞典特罗尔赫坦厂二步法热兑工艺流程

①—熔体倒入反应包；②—加固态中间硅铬；③—倒包反应；④—倒中间渣；⑤—成品
浇注；⑥—向中间渣加入硅铬；⑦—倒包反应；⑧—倒终渣；⑨—中间硅铬浇注

真空法冶炼微碳铬铁是间歇性操作，一个生产周期包括预抽检漏、冶炼、冷却三个阶段。

装有干燥好的铬铁团块托盘用升降台装入真空炉内，封好炉门后进行预抽检漏，达到规定值后便可送电冶炼。送电后即进入冶炼阶段，此阶段的任务是使炉料在真空和高温下进行脱碳，脱碳结束停电降温并停止炉内抽气。冶炼时间 30~35h。冶炼完毕后待产品温度在真空状态下自然冷却到 400℃左右出炉。出炉前控制压力合适，冷却时间 48h 左右。

此法虽可制得含 Cr 高、含 C 低（0.02% 以下）的微碳铬铁，但产品的气孔多，密度小，非金属夹杂含量高，限制了在炼钢中的应用。此法产量不多。

4.10.5　电硅热法冶炼微碳铬铁配料计算

以 100kg 铬矿量为计算基础，计算硅铬合金、石灰、铁鳞及萤石用量。

4.10.5.1　计算条件

（1）铬矿中的 Cr_2O_3：83% 还原入合金，7% 以 Cr 的形式入渣，10% 以 Cr_2O_3 的形式入渣。

（2）铬矿中的 FeO：90% 还原入合金，5% 以 Fe 形式入渣，5% 以 FeO 的形式入渣。

（3）硅铬合金中的硅：78% 起还原作用，2% 入合金，20% 被空气氧化（其中 5% 以 SiO 的形式挥发，15% 以 SiO_2 的形式入渣）。

（4）硅铬合金中的 Cr 和 Fe：95% 入合金，5% 入炉渣。

（5）炉渣碱度为 1.8。

（6）碳、硫、磷不做计算。

4.10.5.2 原料成分

原料成分（配加铁鳞和萤石）见表 4-25。为了简单起见，各种原料中含量少的组分均忽略不计。

表 4-25 各种原料化学成分 （%）

名称	Cr_2O_3	FeO	SiO_2	CaO	Al_2O_3	MgO	CaF_2	Cr	Si	Fe	CO_2	O
铬矿	46.2	12.8	9.0	4.0	10.5	17.5						
硅铬								36	46	18		
石灰			1.0	90.0		6.0					3.0	
铁鳞		90.0										10.0
萤石			10.0		3.0		84.0				3.0	

4.10.5.3 配料计算

A 硅铬合金用量计算：

还原铬矿中 Cr_2O_3 需硅量为： $100 \times 0.462 \times 0.9 \times \dfrac{84}{304} = 11.49 kg$

还原铬矿中的 FeO 需硅量为： $100 \times 0.128 \times 0.95 \times \dfrac{28}{144} = 2.36 kg$

还原铁鳞中 FeO（以 100kg 铬矿配加 6kg 铁鳞计）所需硅量为：

$$6 \times 0.9 \times 0.95 \times \frac{28}{144} = 0.998 kg$$

共需纯硅量为： $11.49 + 2.36 + 0.998 = 14.85 kg$

折合硅铬合金用量为： $\dfrac{14.85}{0.46 \times 0.78} = 41.39 kg$

B 合金用量及成分

从硅铬合金中带入的金属量：

铬： $41.39 \times 0.36 \times 0.95 = 14.16 kg$

铁： $41.39 \times 0.18 \times 0.95 = 7.08 kg$

硅： $41.39 \times 0.46 \times 0.02 = 0.38 kg$

从铬矿中还原进入合金的金属量为：

铬： $100 \times 0.462 \times 0.83 \times \dfrac{104}{152} = 26.24 kg$

铁： $100 \times 0.128 \times 0.9 \times \dfrac{56}{72} = 8.96 kg$

铁鳞中 FeO 还原入合金的金属量为：

铁： $6 \times 0.9 \times 0.95 \times \dfrac{56}{72} = 3.99 kg$

合金用量及成分见表 4-26。

表 4-26　合金用量及成分

元　素	合金用量/kg	含量/%
Cr	14.16 + 26.24 = 40.4	66.4
Fe	7.08 + 8.96 + 3.99 = 20.03	32.94
Si	0.38	0.62
合　计	60.81	100.0

C　石灰用量

硅铬中硅氧化得 SiO_2 量：$41.39 \times 46\% \times 93\% \times \dfrac{60}{28} = 37.94kg$

铬矿带入的 SiO_2 量：$100 \times 9\% = 9kg$

萤石（以 100kg 铬矿配加萤石 3kg 计）带入的 SiO_2 量：$3 \times 0.1 = 0.3kg$

共带入的 SiO_2 量：$37.94 + 9 + 0.3 = 47.24kg$

需纯 CaO 量：$1.8 \times 47.24 = 85.03kg$

原料带入的 CaO 量：$100 \times 0.04 = 4kg$

需补加的 CaO 量：$85.03 - 4 = 81.03kg$

需石灰量：$\dfrac{81.03}{0.9 - 1.8 \times 0.01} = 91.87kg$

D　料批组成

铬矿 100kg，硅铬 41.39kg，石灰 91.87kg，铁鳞 6kg，萤石 3kg。

4.10.6　低微碳铬铁生产节能

4.10.6.1　精料

选择 $Cr_2O_3 > 50\%$，SiO_2 低的易熔粉矿或精矿。波伦法用的铬矿要求 MgO 较低，FeO 较高。控制铬矿石中的 MgO/Al_2O_3 比值合适，单位电耗可降低。铬矿干燥、煅烧及余热都可相应降低冶炼电耗，提高产量。

石灰质量对电硅热法电耗影响很大，采用轻烧活性石灰生产微碳铬铁是一个方向。

4.10.6.2　冶炼操作

准确配料：保证硅铬合金、石灰和铬矿之间严格的比例关系。

加料方法：在不影响产品含量的前提下，采用混合加料法，充分利用硅热反应的化学热，电耗最低。采用硅铬合金堆底法电耗也较低。

配铁鳞和萤石：可降低炉渣熔点，加快化料速度快，降低电耗。但产品含铬降低，氟蒸气污染环境。

推料操作：熔化期要做好推料助熔工作，不造成空烧，加快炉料的熔化。

搅拌：炉料化清后要搅拌多次，并及时取样判断含硅量加快出脱硅反应，不耽误时间。

减少热炉停炉时间：微碳铬铁是间断生产，每次出铁到加料引弧，中间要热停炉 10min 左右，此时炉衬表面温度有 1600℃ 左右，因而应控制热停炉时间到最短。

合理的供电制度：熔化期应尽量把电流负荷送足，精炼期则应适当降低电流负荷。

回收渣中金属粒：炉渣中大约有 1% ~ 2% 的金属颗粒，真空处理包铁约占 5% ~ 10%，分选回收炉渣中金属粒和金属块回炉重熔十分必要。

选择带盖的精炼炉：精炼电炉通过炉口损失的热量约为总电量的 20%，电炉加盖封闭，可以减少热损失并降低电耗。

4.10.6.3 改进生产工艺

波伦法代替电硅热法。采用波伦法生产微碳铬铁单位工序电耗量约 2500kW·h/t，电硅热法电耗约 3150kW·h/t，每吨产品节电 650kW·h。如果考核冶炼的全过程，节电更大，因为波伦法比电硅热法产品每吨少消耗 290kg 硅铬合金，折电耗为 $0.29 \times 6000 = 1740kW·h$，两项合计是 2390kW·h，具有很大的节电潜力。

真空转炉有明显的节能优点。资料表明，在 1t 真空转炉吹炼低微碳铬铁，当高碳铬铁的消耗为 1.28t/t 时，与电硅热法相比，每吨产量可节电 1347kW·h。

4.10.7 微碳铬铁生产技术经济指标及原辅材料消耗

微碳铬铁矿热炉有 3000kV·A、3500kV·A、5000kV·A 及以上规格，并且炉容有大型化趋势。微碳铬铁生产技术经济指标见表 4 - 27。

表 4 - 27 微碳铬铁合金生产技术经济指标

	项 目	指 标
主要经济技术指标	冶炼电耗/kW·h·t⁻¹	3000 ~ 3400
	动力电耗/kW·h·t⁻¹	120 ~ 180
	年工作天数/d	300 ~ 315
	产品合格率/%	>98.5
	元素回收率/%	75 ~ 80
	入炉料品位/%	$Cr_2O_3 > 45$
	渣铁比/kg·t⁻¹	3400 ~ 3800
主要原材料及辅助材料消耗	铬矿/kg·t⁻¹	12000 ~ 16000
	平均含 Cr_2O_3/%	>45
	硅铬合金/kg·t⁻¹	550 ~ 650
	石灰/kg·t⁻¹	1400 ~ 1600
	石墨电极/kg·t⁻¹	35 ~ 45
	锭模及渣盘（罐）/kg·t⁻¹	25 ~ 35
	耐火材料/kg·t⁻¹	140 ~ 150

4.11 金 属 铬

4.11.1 金属铬的牌号、用途及生产方法

金属铬用于生产高温合金、电热合金、精密合金等，其牌号及化学成分见表 4 - 28。

表4-28　金属铬牌号及化学成分（GB/T 3211—2008）

牌号	化学成分（质量分数）/%																
	Cr	Fe	Si	Al	Cu	C	S	P	Pb	Sn	Sb	Bi	As	N		H	O
														I	II		
JCr99.2	≥99.2	≤0.25	≤0.25	≤0.10	≤0.003	≤0.01	≤0.01	≤0.005	≤0.0005	≤0.0005	≤0.0008	≤0.0005	≤0.001	≤0.01		≤0.005	≤0.20
JCr99-A	≥99.0	≤0.30	≤0.25	≤0.30	≤0.005	≤0.01	≤0.01	≤0.005	≤0.0005	≤0.001	≤0.001	≤0.0005	≤0.001	≤0.02	≤0.03	≤0.005	≤0.30
JCr99-B	≥99.0	≤0.40	≤0.30	≤0.30	≤0.01	≤0.02	≤0.02	≤0.01	≤0.0005	≤0.001	≤0.001	≤0.001	≤0.001	≤0.05		≤0.01	≤0.50
JCr98.5	≥98.5	≤0.50	≤0.40	≤0.50	≤0.01	≤0.03	≤0.02	≤0.01	≤0.0005	≤0.001	≤0.001	≤0.001	≤0.001	≤0.05		≤0.01	≤0.50
JCr98	≥98.0	≤0.80	≤0.40	≤0.80	≤0.02	≤0.05	≤0.03	≤0.01	≤0.001	≤0.001	≤0.001	≤0.001	≤0.001	—		—	—

注：1. "—"表示该牌号产品中无元素要求。

2. 铬中的质量分数为99.9%减去表中杂质实测值总和后的余量，其他杂质含量按0.1%计。

金属铬的制取方法主要有铝热法和电热法两种，国内主要采用铝热法。铝热法冶炼用的设备为可拆卸的熔炉，或称筒式炉。

4.11.2　铝热法冶炼金属铬的主要原料

铝热法冶炼金属铬的原料有氧化铬、铝粒、硝石。

氧化铬是冶炼金属铬的主要原料，要求氧化铬成分为 $Cr_2O_3 \geqslant 94\%$，$S \leqslant 0.01\%$，$As \leqslant 0.00054\%$，$SiO_2 < 0.60\%$，$Fe_2O_3 < 0.20\%$ 和 $Cr^{6+} < 2\%$，粒度小于3mm。Fe、Si、S等有害元素含量低。

铝粒要求含 $Al > 99.5\%$、$Si < 0.02\%$、Fe（以 Fe_2O_3 计）$< 0.3\%$、$Pb < 0.0005\%$ 和 $As < 0.0005\%$，粒度 0.1～1.0mm 占比例 >80% 和 1～3mm 占比例 <20%。铝粒必须干燥。

硝石要求含 $NaNO_3 > 98.5\%$，$SiO_2 < 0.005\%$，$S < 0.002\%$，水分小于2%，硝石不得受潮结块，使用时需进行干燥。

4.11.3　铝热法金属铬的冶炼原理及方法

铝热法冶炼金属铬是用铝还原三氧化二铬。其主要反应为：

$$Cr_2O_3 + 2Al =\!=\!= 2Cr + Al_2O_3 \quad \Delta H^{\ominus}_{298} = -544.3 \text{kJ}$$

$$单位炉料反应热（或发热值）= \frac{反应热效应}{氧化铝和铝的分子量} = \frac{544300}{206} = 2642 \text{kJ/kg}$$

由于还原反应生成主要含 Al_2O_3、熔点高的炉渣，氧化铝铝热还原自发反应所放出热量不足以是渣铁分离完全，因此必须加入发热剂来补充不足的热。一般地说，单位炉料反应热应控制在 3150kJ/kg 为宜。可作金属铬冶炼发热剂的主要是硝石、重铬酸钾、铬酐等，通常用硝石。硝石与铝的反应式如下：

$$6NaNO_3 + 10Al =\!=\!= 5Al_2O_3 + 3NaO_2 + 3N_2 \quad \Delta H^{\ominus}_{298} = -7131.6 \text{kJ}$$

4.11.4　铝热法金属铬冶炼工艺

铝热法生产金属铬是用三氧化二铬作铬原料，铝粒做还原剂，用炉外法冶炼。整个工艺分为两步，首先用铬铁矿作原料生产氧化铬；然后用铝还原氧化铬（即铝热法）冶炼金属铬。铝热法金属铬的工艺流程如图 4 – 14 所示。

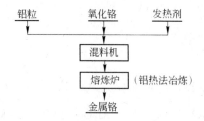

图 4 – 14　铝热法生产金属铬工艺流程

冶炼金属铬用的熔炉一般采用圆锥形炉筒，上口直径较下口直径略小，炉衬材料为镁砖。现在采用金属铬渣粉碎后加卤水打结炉衬或用金属铬热炉渣铸造炉衬。炉顶缝隙处用渣粉堵实，在其上面放 50mm 厚的干渣踩实，炉壁缝隙处用耐火土（60%）、铬渣（40%）与卤水拌合的混合泥堵严。出渣口须按湿渣（用卤水做黏结剂）、干渣、湿渣的顺序堵实。

铝热法冶炼金属铬的冶炼操作分为炉料准备、混合、筑炉、冶炼和精整几个部分。

冶炼前应将炉料三氧化二铬、铝粒和发热剂细碎筛分，并取样分析成分；依据炉料成分进行准确配料，将配好的料充分混合。将混合好的炉料储存在料仓中，通过螺旋运输机或皮带运输机送到熔炼室，用摆动式流槽把炉料均匀分布在熔炉内。开始时向炉筒底部装 2 ~ 3 批（每批 100kg）炉料作为底料，在炉中心加入引火剂（由硝石、铝粒及镁屑组成）0.3 ~ 0.5kg。点火后炉料开始反应，反应快完时，通过摆动流槽进料。进料时，应摆动流槽，控制进料速度，使炉料均匀分布在熔融物表面。加料以不露出液面为准。加料完毕，冷却至室温。金属锭冷却至室温后，进行喷砂，清除表面的炉渣与氧化皮。待金属锭呈现出金属本色时，就可用落锤砸开进行精整、称重、取样和包装入库。

4.11.5　铝热法生产金属铬配料计算

以 100kg 三氧化二铬为基础，计算铝粒及硝石的用量。

4.11.5.1　计算条件

氧化铬的成分：Cr_2O_3 97.00%，Fe_2O_3 0.15%，SiO_2 0.1%。

氧化铬中主要氧化物的还原率为：Cr_2O_3 92% 被还原为 Cr，SiO_2 70% 被还原为 Si，Fe_2O_3 99% 被还原为 Fe。

铝粒含 Al 99%。

硝石含 $NaNO_3$ 为 98%。

4.11.5.2　配料计算

A　还原氧化铬中各种氧化物需要的铝量

还原 Cr_2O_3 需铝量为：$100 \times 0.97 \times 0.92 \times \frac{54}{152} = 31.70kg$

还原 Fe_2O_3 需铝量为：$100 \times 0.0015 \times 0.99 \times \frac{54}{160} = 0.05kg$

还原 SiO_2 需铝量为：$100 \times 0.001 \times 0.70 \times \dfrac{108}{180} = 0.04 kg$

共需铝量为：$\dfrac{31.70 + 0.05 + 0.04}{0.99} = 32.11 kg$

B　冶炼过程中反应放出热量计算

冶炼主要反应为：

$$Cr_2O_3 + 2Al \Longrightarrow Al_2O_3 + 2Cr \quad \Delta H_{298}^{\ominus} = -546 kJ$$

$$Fe_2O_3 + 2Al \Longrightarrow 2Fe + Al_2O_3 \quad \Delta H_{298}^{\ominus} = -860.16 kJ$$

$$3SiO_2 + 4Al \Longrightarrow 3Si + 2Al_2O_3 \quad \Delta H_{298}^{\ominus} = -711.48 kJ$$

还原 Cr_2O_3 产生的热量为：$\dfrac{546000}{152} \times 100 \times 0.97 \times 0.92 = 320559.47 kJ$

还原 Fe_2O_3 产生的热量为：$\dfrac{860160}{160} \times 100 \times 0.0015 \times 0.99 = 798.34 kJ$

还原 SiO_2 产生的热量为：$\dfrac{711480}{180} \times 100 \times 0.001 \times 0.7 = 276.69 kJ$

还原 $100 kg Cr_2O_3$ 产生的总热量为：$320559.47 + 798.34 + 276.69 = 321634.5 kJ$

单位炉料反应热为：

$$\dfrac{320559.47 + 798.34 + 276.69}{100 + 32.11} = 2434.6 kJ/kg$$

若冶炼时单位炉料反应热控制为 $3150 kJ/kg$，则不足热量为：

$$3150 - 2434.6 = 715.4 kJ/kg$$

采用硝酸钠做发热剂，$1kg$ 硝酸钠被铝还原产生的热量为（注：$6NaNO_3 + 10Al \Longrightarrow 5Al_2O_3 + 3NaO_2 + 3N_2$，$\Delta H_{298}^{\ominus} = -7131.6 kJ$）：

$$\dfrac{7131.6 \times 1000}{6 \times 85} \times 0.98 = 13703.9 kJ$$

还原 $1kg$ 硝酸钠需铝量为：

$$\dfrac{1 \times 0.98 \times 27 \times 10}{85 \times 6 \times 0.99} = 0.52 kg$$

设应加硝酸钠为 $x kg$，则：

$$\dfrac{321634.5 + 13703.9x}{100 + 32.11 + 0.52x} = 3150$$

$$x = 7.8 kg$$

因此，硝酸钠消耗铝量为：

$$7.8 \times 0.52 = 4.06 kg$$

C　炉料配比

炉料配比为：三氧化二铬 $100 kg$，铝粒 $36.17 kg$，硝石 $7.8 kg$。

4.12 硅铬合金

4.12.1 硅铬合金的牌号、用途及生产方法

硅铬合金是 Si – Cr – Fe 的合金，其中 90% 以上用作电硅热法冶炼中、低、微碳铬铁的还原剂。硅铬合金还用作炼钢的脱氧剂与合金剂，平均每吨钢消耗硅铬合金 0.5kg 左右。硅铬合金牌号及化学成分列于表 4 – 29 中。

表 4 – 29　硅铬合金牌号及化学成分（GB/T 4009—2008）

牌　号	化学成分/%					
	Si	Cr	C	P		S
				I	II	
FeCr30Si40 – A	≥40.0	≥30.0	≤0.02	≤0.02	≤0.04	≤0.01
FeCr30Si40 – B	≥40.0	≥30.0	≤0.04	≤0.02	≤0.04	≤0.01
FeCr30Si40 – C	≥40.0	≥30.0	≤0.06	≤0.02	≤0.04	≤0.01
FeCr30Si40 – D	≥40.0	≥30.0	≤0.10	≤0.02	≤0.04	≤0.01
FeCr32Si35	≥35.0	≥32.0	≤1.0	≤0.02	≤0.04	≤0.01

硅铬合金冶炼分有渣法（一步法）和无渣法（二步法）两种，是在矿热炉中采用电热埋弧、碳还原熔炼、连续生产的。对设备的要求与熔炼硅铁的要求基本一致。我国多用无渣法而欧美国家多用有渣法生产硅铬合金。

有渣法是将铬矿、硅石和焦炭一起加入矿热炉内冶炼硅铬合金，冶炼一步完成。无渣法分两步完成，第一步是将铬矿和焦炭加入一台矿热炉内，冶炼出高碳铬铁；第二步是将高碳铬铁破碎（或已被粒化），把它与硅石、焦炭一起加入另一台矿热炉内，冶炼硅铬合金。

4.12.2 硅铬合金生产用原料

生产硅铬合金依据冶炼方法的不同，原料有所区别。有渣法所用原料为铬铁矿、硅石、焦炭。无渣法为碳素铬铁、硅石、焦炭和钢屑。

铬矿：要求使用难还原及高 Al_2O_3 矿，不宜使用高 FeO 矿，块度适当大些。

硅石：要求 $SiO_2 > 97\%$、$Al_2O_3 < 1\%$、$P_2O_5 < 0.02\%$。入炉块度 20 ~ 60mm，表面无泥土、云母、脉石及其他夹杂物。入炉后不会爆破，热稳定性好。

焦炭：要求固定 C > 84%，灰分小于 15%，挥发分小于 2%，S < 1%。入炉粒度 1 ~ 8mm，干燥，洁净。

碳素铬铁：成分应符合标准。不夹渣、粒度小于 20mm（炉容量越小，粒度相应小些）。最好用粒化（再制）铬铁（Cr > 55%，夹渣量小于 1%，粒度小于 20mm）。

碳素钢屑：含铁原料主要是钢屑，要求 Fe > 95%，入炉长度 30 ~ 50mm（越小越好），不得混入铁块、合金钢、碳素材料、有色金属及其他杂质。铁鳞及氧化铁皮（Fe > 65%、$SiO_2 < 2.5\%$、S < 0.05%、P < 0.015%、C < 0.05%）和小块碳素废钢。

4.12.3　硅铬合金冶炼原理

有渣法生产硅铬合金是碳同时还原铬铁矿中 Cr_2O_3 和硅石中的 SiO_2，熔炼时，有着明显的渣洗层和料层厚度。由于有渣法冶炼硅铬合金使用的是难还原铬矿，并且铬矿的块度也较大，从而确保了 Cr_2O_3 的还原和 SiO_2 的还原在温度相差不多的条件下同时进行。

铬和铁被还原出来后，生成铬和铁的碳化物，它们很快就被同时还原出来的硅破坏，变成硅化物，其反应式为：

$$Cr_7C_3 + 10Si =\!=\!= 7CrSi + 3SiC$$

反应生成的硅与铬的碳化物进一步发生反应生成复合硅化物，排出合金中的碳，从而制得含碳量低的硅铬合金。

无渣法生产硅铬合金时，不具明显的渣洗层和料层厚度，用碳还原硅石中 SiO_2 即 $SiO_2 + 2C = Si + 2CO$，生成的 Si 破坏碳素铬铁中的复合碳化物即 $(CrFe)_7C_3 + 7Si = 7(CrFe)Si + 3C$，排除了合金中的碳制得硅铬合金。此法熔炼硅铬合金要经过熔炼碳素铁和硅和硅铬合金两道生产工序。

有渣法和无渣法比较，生产流程少，免去了中间产品碳素铬铁的熔炼和加工，金属损失少，铬元素回收率高，总的电耗低，由于炉渣对合金的精炼脱碳使得直接从炉内得到的产品含碳量低。但是高硅炉渣（一般终渣 SiO_2 含量与所炼制合金中的含量大致相等）的流动性差，故排渣困难，生产技术难度大。

4.12.4　硅铬合金冶炼工艺

目前国内工业生产尚未采用有渣法，因此这里只介绍无渣法的生产操作。无渣法的工艺流程如图 4－15 所示。

配料按焦炭、高碳铬铁、钢屑、硅石的顺序进行，以利于混合均匀。配料应准确，称量误差在 ±1.5kg 内。

熔炼时，炉内只进行 SiO_2 的还原，Cr 和 Fe 是以“半成品”状态的高碳铬铁加入的。和硅铁相比，只是在于炉料中的钢屑大部分被高碳铬铁所取代，所以其操作基本上与硅铁相同。采用高炉心、大锥体料面。随着炉料的下沉应及时把炉料加到下沉的地方，为了保证良好的透气性，应经常进行扎眼，出铁后进行捣炉。由于硅铬合金原料中有高碳铬铁，炉料导电性增加，电极不易控制，因此料面控制要低。一般地，9000～12000kV·A 电炉料面控制在低于炉口 500mm 左右，3000kV·A 电炉料面低于炉口 200mm 左右。

铁水经过炉外处理后用下注法浇注。

电炉要定期进行排渣处理，每月大约 3～4 次。如出现炉眼排渣不顺利，电极周围出现翻渣现象时，就要及时处理。一般采用加石灰、萤石的方法，将炉内积渣洗出。

硅铬合金熔炼需控制的成分是铬、硅、碳三元素的含量。合金中的铬、硅含量取决于炉料的配比，正常情况下波动不大，易于控制。合金中碳含量随硅含量的升高而下降，但硅含量越高，则单硅的能耗也高，操作也更困难。因此，生产上要求在保证合金含碳量符合要求的前提下，尽量降低合金的含硅量。

合金在出炉以后，一般要进行炉外脱碳处理。常用的方法是镇静脱碳和摇包脱碳。

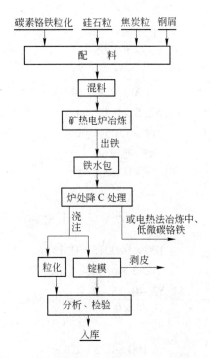

图4-15 无渣法生产硅铬合金工艺流程

镇静脱碳是往合金面上加微碳铬铁保温，让合金在铁水包中镇静。随着温度的降低，SiC析出并上浮到上面的渣中，合金的含碳量下降。但镇静脱碳效果不理想，而且铁水粘包造成金属损失大，目前较少采用。

摇包脱碳是当前较理想的脱碳方法。铁水包放在摇架上，摇动时做偏心圆运动，包中的液态硅铬合金受离心作用在圆心处产生高峰，次高峰又在包内回转形成"海浪波"而上下翻腾，因而可起激烈的搅拌作用。

使用摇包脱碳，首先在合金液面上加渣料，摇动时液态的炉渣与合金在包内上下翻腾强烈混合，合金中的小颗粒SiC被迅速吸附去除。渣料由70%微碳铬铁渣粉与30%萤石粉组成。渣料的加入量为合金总量的6%左右。如摇包的转速为50~57r/min，摇动时间10~15min，处理后合金的含碳量可以降到0.02%以下，脱碳效率在90%以上。

4.12.5　硅铬合金生产配料计算

以生产100kg硅铬为计算基础，计算硅石、高碳铬铁、焦炭及钢屑用量。最终料批将硅石用量折算为100kg，计算出其他原料的用量。

4.12.5.1　计算条件

硅石中硅的回收率为95%；高碳铬铁中铬的回收率为94%，硅、铁全部入合金；焦炭在炉口处烧损10%；钢屑中铁全部入合金。

原料主要化学成分为：硅石含SiO_2 97%；高碳铬铁含Cr 65%、Si 2%、C 8%、Fe 24%；焦炭固定碳84%，钢屑含Fe 95%。

硅铬合金成分：Cr 32%、Si 47%、C 0.5%、Fe 20%。

4.12.5.2　配料计算

（1）所需高碳铬铁为：$\dfrac{100 \times 0.32}{0.94 \times 0.65} = 52.5\,\text{kg}$

（2）所需硅石的计算：

合金需硅量为：　　　　　　$100 \times 0.47 = 47\,\text{kg}$

高碳铬铁带入的硅量为：　　$52.5 \times 0.02 = 1.05\,\text{kg}$

需硅石还原的硅量为：　　　$47 - 1.05 = 45.95\,\text{kg}$

硅石需要量为：　　　　　　$\dfrac{45.95 \times 60}{0.97 \times 0.95 \times 28} = 107\,\text{kg}$

（3）所需焦炭量的计算：

还原硅石需碳量为：　　　　$107 \times 0.97 \times \dfrac{24}{60} = 41.52\,\text{kg}$

合金渗碳需碳量为：　　　　$100 \times 0.0015 = 0.15\,\text{kg}$

高碳铬铁带入碳量为：　　　$52.5 \times 0.08 = 4.2\,\text{kg}$

所需干焦炭量为：　　　　　$\dfrac{41.52 + 0.15 - 4.2}{0.84 \times 0.9} = 49.56\,\text{kg}$

（4）所需钢屑量的计算：

合金中所含铁量为：　　　　$100 \times 0.2 = 20\,\text{kg}$

高碳铬铁带入铁量为：　　　$52.5 \times 0.24 = 12.60\,\text{kg}$

需配加钢屑量为：　　　　　$\dfrac{20 - 12.60}{0.95} = 7.79\,\text{kg}$

4.12.5.3　炉料组成

折合成以100kg硅石为基础的料批组成为：

硅石：　　　　　　100kg

高碳铬铁：　　　　$100/107 \times 52.5 = 49\,\text{kg}$

焦炭：　　　　　　$100/107 \times 49.56 = 46.3\,\text{kg}$

钢屑：　　　　　　$100/107 \times 7.79 = 7.03\,\text{kg}$

实际生产1t含Cr35%、Si42%的硅铬合金消耗大致如下：

硅石：　　　　　　　　　　910～980kg

高碳铬铁（含Cr66%）：　　550～570kg

焦炭：　　　　　　　　　　410～450kg

钢屑：　　　　　　　　　　40～80kg

电耗：　　　　　　　　　　4800～5100kW·h

4.12.6　硅铬合金生产节能

（1）选用优质还原剂。采用电阻率高、反应性能好的碳质还原剂是降低硅铬合金电耗的途径之一。试验表明，采用煤焦代替冶金焦冶炼硅铬，电耗可降低1.7%，平均日生产水平提高4.3%。在炉料中加入35%半焦冶炼硅铬合金，平均日产提高5.2%，电耗下降7.3%。

（2）排渣。出铁时尽可能使炉渣排出也是降低硅铬合金电耗的途径之一。电炉内冶炼过程排渣的碳化硅进入酸性炉渣黏度相当大，排渣不畅，炉内积渣会造成料面升高，炉况恶化。在料批中配加适量的铁屑有助于破坏炉内碳化硅，还可以定期加石灰洗炉排渣。在料批中配加伟晶岩或长石类含碱金属的岩石和少量铬矿调整炉渣成分，有利于形成流动性良好的炉渣，可以提高产量。

（3）回收渣中金属，采用大容量电炉生产。无论是一步法还是二步法生产硅铬合金都必须加强渣中金属的回收分选工作，尽可能采用容量为10000kV·A以上的大容量电炉生产。

（4）摇炉炉外降碳。摇炉降碳代替镇静降碳取得了很好的效果，摇炉降碳率为90%。由于降碳效果好，使硅铬电耗明显下降，而且还有利于下道工序微碳铬铁生产电耗的降低。

（5）精心操作。正确的焦炭配入量，准确的称量，精心操作，维护好炉况，使料面炉气均匀逸出，电极深插，料面均匀下沉，对降低电耗也是不可缺少的条件。

（6）推广一步法生产工艺。采用一步法代替二步法是我国硅铬合金生产的主要努力方向，因为它有电耗较低，铬回收率高，产品质量好的明显优点。

4.12.7 硅铬合金生产技术经济指标及原辅材料消耗

硅铬合金生产用矿热炉炉容有6000kV·A、9000kV·A、12500kV·A及以上等规格。主要技术经济指标见表4-30。

表4-30 硅铬合金生产技术经济指标

项　目		指　标
主要经济技术指标	冶炼电耗/kW·h·t⁻¹	4900~5200
	动力电耗/kW·h·t⁻¹	280~300
	年工作天数/d	340~345
	产品合格率/%	>99.5
	元素回收率/%	>94
	入炉料品位/%	Cr>55
主要原材料及辅助材料消耗	炉料级铬铁/kg·t⁻¹	650~700
	硅石/kg·t⁻¹	1050~1150
	焦炭/kg·t⁻¹	550~600
	石灰/kg·t⁻¹	8~10
	钢屑/kg·t⁻¹	50~100
	电极糊/kg·t⁻¹	25~30
	钢材/kg·t⁻¹	10~12
	电极壳/kg·t⁻¹	2~3
	锭模及渣盘（罐）/kg·t⁻¹	8~10
	耐火材料/kg·t⁻¹	15~20

4.13　钼　铁

4.13.1　钼铁的牌号、用途及生产方法

钼是钢中的重要合金元素，能提高钢的淬透性、耐磨性，与铬、镍、钒等元素配合使用，可使钢具有均匀的细晶组织，提高强度、弹性极限等性能，广泛用于炼制结构钢、不锈钢、耐热钢、工具钢等钢种。钼在合金铸铁中应用，会使灰口铸铁晶粒变细，改进灰口铁在高温下的性能，提高其强度和耐磨性。我国钼铁牌号及化学成分见表4-31。

表4-31　我国钼铁的牌号及化学成分（GB/T 3649—2008）

牌　号	化学成分/%							
	Mo	Si	S	P	C	Cu	Sb	Sn
FeMo70	65.0~75.0	≤2.0	≤0.08	≤0.05	≤0.10	≤0.50		
FeMo60-A	60.0~65.0	≤1.0	≤0.08	≤0.04	≤0.10	≤0.50	≤0.04	≤0.04
FeMo60-B	60.0~65.0	≤1.5	≤0.10	≤0.05	≤0.10	≤0.50	≤0.05	≤0.06
FeMo60-C	60.0~65.0	≤2.0	≤0.15	≤0.05	≤0.15	≤1.0	≤0.08	≤0.08
FeMo55-A	55.0~60.0	≤1.0	≤0.10	≤0.08	≤0.15	≤0.5	≤0.06	≤0.06
FeMo55-B	55.0~60.0	≤1.5	≤0.15	≤0.10	≤0.20	≤0.5	≤0.08	≤0.08

4.13.1.1　钼矿及其处理

世界已探明钼矿储量为600万~980万吨（以钼计），主要分布在美国、加拿大、智利、俄罗斯和中国。自然界中含钼矿物有20多种，分布最广、最具工业价值的是辉钼矿，其中钼以 MoS_2 形式存在。开采出的钼矿品位较低，通常采用浮选法提高品位获得钼精矿。辉钼矿一般先将其氧化焙烧后变成氧化物后用于冶炼钼铁。钼精矿焙烧一般在多层焙烧炉中进行，我国焙烧钼精矿一般采用8~12层多层焙烧炉。焙烧过程包括烘炉、加料、炉温控制等环节。在开始加料前首先烘炉使炉内耐火材料均匀受热，当炉温达到要求后，开始加料，加入炉内的料须经配料、混合，然后通过各层温度的合理控制，获得焙烧良好的熟钼矿供钼铁冶炼使用。

多膛炉的工艺流程如图4-16所示。干燥后的辉钼矿精矿加入多膛炉第一层，并依次通过炉子的各层，最终产品从底层排出。多膛炉烟尘经旋风收尘器及电收尘器，得到烟尘返回多膛炉，尾气采取措施除 SO_2 （如吸收制酸等）后排空。

精矿通过多膛炉过程中，依次发生各种反应，炉内可大致分为四区。第一区为顶部第1~2层及部分第3层，主要为进一步脱水及浮选剂的氧化；第二区，即12层炉子的第3~8层，10层炉子的第2~6层，主要为 MoS_2 氧化成 MoO_2 ；第三区，即12层炉子的第8~10层，10层炉子的第7~8层，主要为 MoO_2 氧化为 MoO_3 ；第四区，为最下两层，主要用于进一步脱硫。

4.13.1.2　钼铁的冶炼方法

钼的氧化物稳定性不大，很容易被碳、硅、铝还原。因此钼铁的冶炼有以生产低碳钼

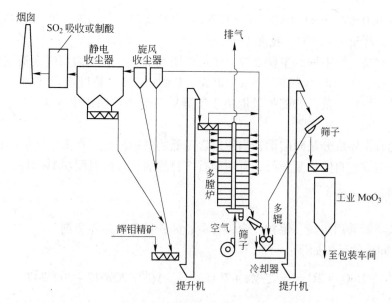

图 4-16　多膛炉的工艺流程

铁为主的炉外金属热法和生产高碳钼铁为主的电炉碳热法。

电炉碳热法是将钼精矿或碳质还原剂等，置于碳质炉衬的电炉中直接冶炼含碳量较高的钼铁。这种方法电耗大，钼损失较大。

炉外金属热法一般是硅热法，即使用硅代替碳做还原剂，反应所放出的大量热能足以使冶炼顺利进行，不需外部加热，生产简单、经济性好。产品含碳量低于 0.10% 的钼铁均采用硅热法冶炼，硅热法应用普遍。

4.13.2　硅热法冶炼钼铁用原料

硅热法冶炼钼铁的主要原料是熟钼精矿、FeSi75、铝粒、铁矿或铁鳞、钢屑、硝石和萤石。硅热法冶炼钼铁对原料的要求如下：

熟钼矿：熟钼矿是生产钼铁的主要原料，是钼铁中钼的来源，要求 Mo 48% ~52%，S≤0.065%，P≤0.023%，Cu≤0.30%，SiO_2≤8% ~14%，PbO 0.2% ~0.5%。粒度不得大于 20mm，10~20mm 粒度不得大于总量的 20%。

硅铁粉：硅铁粉是冶炼中的主要还原剂，常用 FeSi75，使用前经过破碎及球磨，粒度1.0~1.8mm 部分不超过 1%，0.5~1.0mm 部分不超过 10%，其余为 0.5mm 以下。粒度过大会造成钼铁含硅升高。

铝粒：铝粒是发热剂和还原剂。要求铝粒含 Al>90%，含 Cu<1%，粒度要小于3mm，3mm 以上粒度不得超过 10%，但要控制过细粉末含量，粒度小于 0.5mm 的细铝粉不得多于 30%。铝粒易燃易爆，生产及储存时应注意安全。可用铝铁粉、硅铝粉代替铝粒。

铁鳞或铁矿：铁鳞是轧钢、锻造时的氧化铁皮，是冶炼中的氧化剂及熔剂。在冶炼反应中约30%进入合金，是合金中铁来源之一；约70%的铁鳞以 FeO 的形式进入炉渣，起稀释炉渣的作用，铁鳞需加热干燥去掉水分及油分。在生产中也可使用铁矿，要求铁矿含

Fe>60%，S<0.05%，P<0.05%，C<0.3%，杂质总和小于6%，使用前需经300℃以上烘烤，使水分降至1%以下，粒度小于3mm。

钢屑：钢屑是合金中铁的主要来源，要求含铁大于98%，一般用碳素钢钢屑。

萤石：萤石要求$CaF_2 \geqslant 90\%$，S≤0.05%，P≤0.05%，粒度应在20mm以下，使用前要加热干燥。炉料中萤石的配加量取决于实际渣情况和熟钼矿中SiO_2的含量，一般配入量每批料2~3kg。

硝石：硝石主要成分是硝酸钠，当使用含钼低的熟钼矿时，常由于氧量不足，还原剂不能多加，而造成炉料发热量偏低，可用硝石作补热剂，每批料配加1~3kg。

4.13.3　钼铁冶炼原理

冶炼钼铁一般采用焦炭、铝粒、含铝合金、硅铁粉等作为还原剂。

碳还原MoO_3的反应如下：

$$\frac{2}{3}MoO_3 + 2C \Longrightarrow \frac{2}{3}Mo + 2CO \qquad \Delta G^{\ominus} = 209047 - 309.74T$$

$$\frac{2}{3}MoO_3 + \frac{7}{3}C \Longrightarrow \frac{1}{3}Mo_2C + 2CO \qquad \Delta G^{\ominus} = 214980 - 316.1T$$

用碳还原钼的氧化物时生成钼的碳化物反应略占优势，因此碳热法生产的钼铁含碳较高。

铝、硅还原MoO_3的反应如下：

$$\frac{2}{3}MoO_3 + \frac{4}{3}Al \Longrightarrow \frac{2}{3}Al_2O_3 + \frac{2}{3}Mo \quad \Delta G^{\ominus} = -632919 + 51.16T$$

$$\frac{2}{3}MoO_3 + Si \Longrightarrow \frac{2}{3}Mo + SiO_2 \quad \Delta G^{\ominus} = -469508 + 65.52T$$

以上反应为放热反应，且硅、铝还原三氧化钼进行得很彻底，铝比硅在还原三氧化钼时反应进行得强烈。用硅铝粒、含铝合金等作为还原剂生产钼铁不需外部补充热量，反应一经点燃开始就能自热进行到底，所以也称金属热法或炉外法。

在钼铁冶炼过程中，除钼氧化物被还原外，还进行铁氧化的还原。氧化铁约有42%被还原成铁，其余还原成氧化亚铁进入炉渣，对炉渣起稀释作用。

用炉外法生产含钼60%左右的钼铁时，还需要添加含铁原料如钢屑、FeSi75、氧化铁皮、铁矿等作为合金中铁料的来源。此外，还需少量的氯化钾或硝石作为补热剂。

4.13.4　钼铁生产工艺

生产钼铁有两种方法。一种是以生产高碳钼铁为主的电炉碳还原积块法，另一种是以生产低碳钼铁为主的炉外金属热还原法。

第一种方法是将氧化钼与碳质还原剂，置于碳质炉衬的单相或三相电炉中直接冶炼钼铁。冶炼时，钼精矿（MoS_2）或氧化钼、碳质还原剂和石灰石造渣材料同时加入炉内（也有将含钼原料与碳混合成团块）。为了调节合金含Mo在60%左右，炉料中还配加一定量的含铁材料如铁鳞或钢屑。冶炼一般采用500~1000kV·A的单相电炉，冶炼每3h出一次铁。用含钼54%钼精矿，炼得1t含Mo60%、C3%、Si2%、S0.05%的产品耗电量为10850kW·h。

第二种方法是硅热还原法。这是生产钼铁最简单、最经济、也是应用最广的方法，是用硅作氧化钼的还原剂。硅是以硅铁的形式加入的。还原反应所放出的热量，可以熔化产生的合金和炉渣，因而在生产过程中不需要从外部另外加热源，很容易实现反应的自发进行。

钼铁冶炼一般采用炉外法。炉子是一个放置在砂基上的圆筒，内砌黏土砖衬，用含硅75%的硅铁和少量铝粒作还原剂。炉料一次加入炉筒后，用上部点火法冶炼。在料面上用引发剂（硝石、铝屑或镁屑），点火后即发生激烈反应，然后镇静、放渣、拆除炉筒。钼铁锭先在砂窝中冷却，再送至冷却间冲水冷却，最后进行破碎，精整。金属回收率为96%～99%。

钼铁生产工艺如图 4-17 所示：钼精矿（含钼 45% 以上）→氧化焙烧脱硫至含硫小于 0.3%→氧化钼→配入 FeSi 75 粉、铁片、铁鳞、石灰、硝酸钠、铝粉混合均匀→装入冶炼炉筒→上部点火→炉料自热反应→反应完毕静止沉降→放渣→底铁冷却→吊出底铁水冷→清除底铁表面渣→底铁破碎→成品。

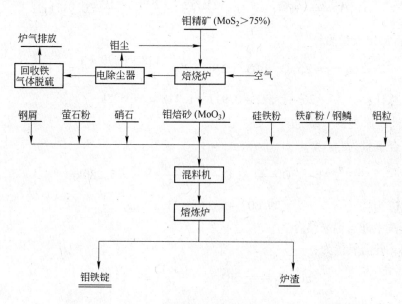

图 4-17　钼铁生产工艺流程图

4.13.5　钼铁生产配料计算

以 100kg 熟钼矿为计算基础，计算硅铁及钢屑用量等。

4.13.5.1　计算条件

（1）熟钼矿：Mo 52%；

（2）硅铁：Si 76%，Al 2%，Fe 21%；

（3）铁鳞：Fe_3O_4 95%；

（4）钢屑：Fe 98%；

（5）铝粒：Al 99%；

（6）硝石：$NaNO_3$ 99%；

（7）根据生产经验，确定每批料中加铁鳞 20kg，硝石 3kg，萤石 2kg，铝粒 6kg；

（8）熟钼矿中钼以 MoO_3 存在，并100%被还原，其他氧化物还原不予考虑；

（9）铁鳞中30%铁进入合金，70%以 FeO 形式进入炉渣；

（10）生产的钼铁合金含 $Mo60\%$，除 Mo 和 Fe 外其他杂质为2kg。

4.13.5.2　料批组成计算

A　炉料用量计算

100kg熟钼矿中放出氧量为：

$$MoO_3 = Mo + \frac{3}{2}O_2 \qquad \frac{100 \times 0.52 \times 48}{96} = 26kg$$

20kg铁鳞中放出氧量为：

$$Fe_3O_4 = 3Fe + 2O_2 \qquad \frac{20 \times 0.95 \times 0.3 \times 64}{232} = 1.572kg$$

$$Fe_3O_4 = 3FeO + \frac{1}{2}O_2 \qquad \frac{20 \times 0.95 \times 0.7 \times 16}{232} = 0.917kg$$

3kg硝石放出氧量为：

$$4NaNO_3 = 2NaO_2 + 4O_2 + 2NO + N_2 \qquad \frac{128 \times 0.99 \times 3}{340} = 1.118kg$$

放氧量总计：　　　　$26 + 1.572 + 0.917 + 1.118 = 29.607kg$

B　炉料还原剂的计算

铝粒结合氧量为：

$$2Al + \frac{3}{2}O_2 = Al_2O_3 \qquad \frac{6 \times 0.99 \times 48}{54} = 5.280kg$$

剩余氧量为：　　　　$29.607 - 5.280 = 24.327kg$

剩余氧由硅铁中硅与铝来结合。

氧化1kg硅需氧量为：

$$Si + O_2 = SiO_2 \qquad \frac{1 \times 32}{28} = 1.143kg$$

氧化1kg铝需氧量为：

$$2Al + \frac{3}{2}O_2 = Al_2O_3 \qquad \frac{1 \times 48}{54} = 0.889kg$$

氧化1kg硅铁中硅与铝共需氧量为：$1.143 \times 0.76 + 0.889 \times 0.02 = 0.886kg$

每批炉料需加硅铁量（硅铁过剩系数为1.03）为：

$$\frac{1.03 \times 24.327}{0.886} = 28.28kg$$

C　钢屑配入量的计算

100kg熟钼矿可以产生出含 Mo 60%的钼铁合金量为：

$$\frac{100 \times 0.52}{0.6} = 86.667kg$$

如果合金中杂质总量为2kg，需加铁量为：$86.667 - 52 - 2 = 32.667kg$

由硅铁粉带入铁量为：　　　　$28.28 \times 0.21 = 5.94kg$

由铁鳞带入铁量为： $20 \times 0.95 \times \dfrac{168}{232} \times 0.3 = 4.128 kg$

每批料应配入钢屑量为： $\dfrac{32.667 - 5.94 - 4.128}{0.98} = 23.06 kg$

4.13.5.3 炉料配比

炉料配比为：熟钼矿 100kg，硝石 3kg，铝粒 6kg，铁鳞 20kg，硅铁粉 28.28kg，钢屑 23.06kg，萤石 2kg，总计 182.34kg。

4.13.6 钼铁生产节能

4.13.6.1 提高钼焙砂品位，降低铝耗

钼焙砂品位越低，钼焙砂中 SiO_2、Al_2O_3、CaO、Fe_2O_3、MgO 等越多，冶炼时这些物料消耗大量热量，为了维持冶炼反应所需的热量，必须靠增加铝粒和硝石来提高炉料单位热效应，造成铝和硝石的单耗增高，故应提高钼焙砂的品位，以降低铝耗、硝石消耗达到节能降耗的目的。

4.13.6.2 用低硫铁矿粉代替铁鳞

用硅铝热还原法生产钼铁，补充氧化铁加入的铁鳞中 S 含量高、波动大，杂质含量高，生产中易使产品硫超标。用铁矿粉代替铁鳞能明显降低钼铁中的 S 含量，铁矿粉中其他杂质含量也较少，焙烧工序也可适当放宽钼焙砂出炉残硫控制线。

4.13.6.3 混合堆积法生产钼焙砂

在钼精矿焙烧过程中，温度超过 600℃，空气不足的情况下，生成的 MoO_3 与 MoS_2 发生二次反应，产生 MoO_2。在高温（600~650℃）阶段，加入一定量的氧化铁（以铁鳞形式），采用堆积压实焙烧法，可生成一定含量 MoO_2 的钼焙砂，并加速脱硫速度，提高产能，同时又能抑制 MoO_3 的升华，提高回收率，此钼焙砂用于冶炼也可提高冶炼回收率。

4.13.7 钼铁生产技术经济指标及原辅材料消耗

钼铁生产技术经济指标见表 4-32。

表 4-32 钼铁生产技术经济指标

项 目		指 标
主要经济技术指标	熟钼精矿含钼量/%	47~49
	产品合格率/%	>99.0
	元素回收率/%	98.3~98.4
	渣铁比/%	约1200
主要原材料及辅助材料消耗	熟钼精矿/kg·t⁻¹	1200~1300
	钢屑/kg·t⁻¹	250~260
	铁鳞/kg·t⁻¹	280~300
	硅铁（Si 75%）/kg·t⁻¹	280~300
	铝粒/kg·t⁻¹	60~80
	硝石/kg·t⁻¹	60~80
	耐火砖/kg·t⁻¹	120~140

4.14　钒　铁

4.14.1　钒铁的牌号、用途及生产方法

钒铁主要用于炼钢。钒能细化晶粒，提高钢的硬度和耐磨性。钒在化工、机械、航天等领域有广泛用途，是生产航空航天器所需耐热钛合金的中间合金，是油漆陶瓷等的颜料，也用做荧光物质或高性能电池材料等。我国钒铁牌号见表4-33。

表4-33　钒铁牌号及化学成分（GB/T 4139—2004）

牌　号	化学成分（质量分数）/%						
	V	C	Si	P	S	Al	Mn
FeV40-A	38.0~45.0	≤0.60	≤2.0	≤0.08	≤0.06	≤1.5	—
FeV40-B	38.0~45.0	≤0.08	≤3.0	≤0.15	≤0.10	≤2.0	—
FeV50-A	48.0~55.0	≤0.40	≤2.0	≤0.06	≤0.04	≤1.5	—
FeV50-B	48.0~55.0	≤0.60	≤2.5	≤0.10	≤0.05	≤2.0	—
FeV60-A	58.0~65.0	≤0.40	≤2.0	≤0.06	≤0.04	≤1.5	—
FeV60-B	58.0~65.0	≤0.60	≤2.5	≤0.10	≤0.05	≤2.0	—
FeV80-A	78.0~82.0	≤0.15	≤1.5	≤0.05	≤0.04	≤1.5	≤0.50
FeV80-B	78.0~82.0	≤0.20	≤1.5	≤0.06	≤0.05	≤2.0	≤0.50

钒铁是采用还原剂（硅或铝等）将含钒原料中的 V_2O_5 和 V_2O_3 在高温下还原成金属钒并熔于铁水中而制得。用硅做还原剂冶炼钒铁需外加热源，冶炼在电弧炉中进行，冶炼普通钒铁。用铝作还原剂以炉外法可以炼出高钒钒铁。

4.14.2　钒铁冶炼设备及原料

因钒矿含钒太低，直接用钒矿生产钒铁较困难，一般是先生产五氧化二钒，再用五氧化二钒生产钒铁。五氧化二钒的提取方法有用钒矿作原料的直接提取法和用钒渣作原料的间接提取法两种，两种方法的生产工艺基本相同。直接提取法的流程是先将钒精矿粉碎，同碱性附加剂混合，在焙烧炉内氧化焙烧，使钒转化成为可溶性的钒酸盐，然后浸出，钒转入溶液中同无用组分分离，最后再从溶液中析出五氧化二钒。有些矿石含钒太低，用直接提取法不经济。间接提钒法是先将矿石进行预处理，采用火法冶炼工艺，使钒富集于渣中制得钒渣，再以钒渣为原料，经过同直接提钒法相同的过程制取五氧化二钒。我国多采用此法。

4.14.2.1　电硅热法生产钒铁冶炼设备及原料

电硅热法冶炼钒铁通常是在三相电弧炉内进行的。

冶炼分还原和精炼两个阶段，为提高生产能力和降低单位电耗，又把还原期分为第一还原期和第二还原期。对原料的要求如下：

工业五氧化二钒：$V_2O_5 > 80\%$，$P < 0.01\%$，$S < 1.0\%$，呈片状，厚度 3~6mm 块度

小于 100mm；

硅铁：FeSi75，粒度 20～40mm；

铝：Al>92%，粒度 30～50mm；

石灰：CaO>85%，P<0.04%，粒度 30～50mm；

钢屑：Fe≥98%，P<0.03%，Mn<0.40%，C<0.35%。

4.14.2.2 铝热法生产钒铁冶炼设备及原料

铝热法生产钒铁虽然是最老的方法，但到目前为止这种方法在西方仍普遍采用。铝热法最突出的优点是产品含碳低（0.02%～0.06%），含钒高（80%），钒铁的纯度高。

铝热法冶炼钒铁主要原料为五氧化二钒、铝粒、钢屑等，技术要求如下：

五氧化二钒：V_2O_5>93%，P<0.05%，C<0.05%，S<0.035%，粒度 1～3mm。另外，Na_2O 含量要求尽可能的低，因 Na_2O 被铝还原，增加铝的消耗，而钠成为蒸气，逸出时遇空气又立即氧化成 Na_2O，生成白色浓烟，并带走少量的钒。

铝粒：Al>98%，Si<0.2%，粒度小于 3mm。

钢屑：C<0.5%，P<0.015%，粒度 10～15mm。

石灰：有效 CaO>85%，P<0.015%，粒度 5mm。

4.14.3 钒铁冶炼原理

钒铁可以用碳、硅或铝还原五氧化二钒制得，用碳作还原剂时，只能得到高碳（4%～6%）钒铁，而高碳钒铁对大多数合金钢来说都无法使用，故大部分钒铁都是用硅或铝还原五氧化二钒制得，硅还原五氧化二钒的反应如下：

$$2/5V_2O_5 + Si = 4/5V + SiO_2 \qquad \Delta G^{\ominus} = -326026 + 75.2T$$

高价氧化物在还原成金属的过程中，都先还原成低价氧化物，钒的低价氧化物为 V_2O_3 和 VO，硅还原这两种氧化物的反应如下：

$$2/3V_2O_3 + Si = 4/3V + SiO_2 \qquad \Delta G^{\ominus} = -105038 + 54.8T$$

$$2VO + Si = 2V + SiO_2 \qquad \Delta G^{\ominus} = -25414 + 50.5T$$

在冶炼温度下，此反应的自由能变化值为正值，说明反应难于实现。此外，VO 呈碱性，易与二氧化硅生成硅酸盐，自硅酸盐中还原出钒就更困难了。因此，需要往炉料中配加石灰，它与二氧化硅结合，防止生成硅酸钒，在有氧化钙存在的情况下，反应为：

$$2/5V_2O_5 + Si + 2CaO = 4/5V + 2CaO \cdot SiO_2 \qquad \Delta G^{\ominus} = -472564 + 75.2T$$

铝的还原能力很强，铝还原氧化钒的反应如下：

$$2/5V_2O_5 + 4/3Al = 4/5V + 2/3Al_2O_3 \qquad \Delta G^{\ominus} = -54007 + 87.8T$$

$$2/3V_2O_3 + 4/3Al = 4/3V + 2/3Al_2O_3 \qquad \Delta G^{\ominus} = -319453 + 63.9T$$

4.14.4 钒铁冶炼工艺

钒铁是采用还原剂将含钒原料（五氧化二钒、钒渣等）中的 V_2O_5 及 V_2O_3 在高温下还原成金属钒并熔于铁水中而制得。硅、铝是冶炼钒铁常用的还原剂。

用硅做还原剂冶炼钒铁需外加热源，冶炼在电弧炉中进行，即电硅热法。该法应用于冶炼普通钒铁，钒的回收率高，生产成本低，但设备复杂且很难炼出高钒钒铁。

用铝作还原剂以炉外法可以实现高钒钒铁冶炼，但对工业五氧化二钒的品位要求高，钒的回收率高，成本也高。

4.14.4.1 电硅热法

电硅热法冶炼钒铁流程如图 4 - 18 所示。

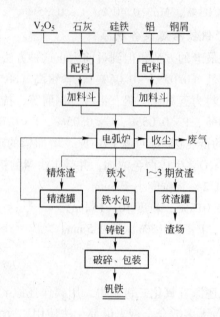

图 4 - 18   硅热法冶炼钒铁工艺流程

操作分为还原期和精炼期，为了有利于钒的还原，还原期又分为第一还原期和第二还原期。

第一还原期：当上一炉出铁完后，迅速扒尽炉渣，并用卤水镁砂粉浆热补炉。补炉要求高温快补、薄补。加料时先用炉渣或石灰垫炉底，然后迅速向炉内加入全部所需钢屑，给电，随即将上炉液态精炼渣返回炉内，给满负荷，加快化料速度。再将一期所需的全部 V_2O_5、80% 的硅铁和石灰混合后以较快的速度从炉顶加料口加入，用铁耙耙到三相电极周围，保持埋弧操作。根据炉内化料及温度情况，从炉门加入余下的 20% 的硅铁进行还原，并把炉内四周的炉料拔向炉中心，并对熔池不断搅拌。硅铁加完后，马上加铝块进行强还原。加铝时要集中快速，由于反应放热很大，反应激烈，这时电流要控制的小一些，过于激烈向外喷溅时，可停止供电。通过目测和分析，炉渣中 $V_2O_5 < 0.35\%$ 时视为贫渣，便可出一期渣。一期合金成分为：V 18% ~ 20%，Si 18% ~ 20%，C < 0.3%，贫渣成分为：CaO 55% 左右，SiO_2 25% ~ 28%，MgO 5% ~ 8%，Al_2O_3 5% ~ 10%，$V_2O_5 < 0.35\%$。这期炉渣的碱度（CaO/SiO_2）要求控制在 2.0 ~ 2.2，并要求有比较合适的流动性。

第二还原期：一期贫渣出完后进入第二还原期。从炉料下口加入第二期的全部 V_2O_5 和石灰混合料。下料速度要根据炉温情况而定，以保证无堆积冷料和以炉温不下降为原则，并及时判断炉渣碱度（$CaO/SiO_2 = 2.0$ 左右）和流动性，必要时进行调整。待全部炉料化清、炉温上升后，用湿木耙插入铁水中进行搅拌，以促使铁水成分均匀和加速脱硅。此时合金成分要求是：V 31% ~ 37%，Si 3% ~ 4%，C < 0.6%，P < 0.08%，S < 0.05%。

精炼期：在第二期贫渣出完，用大电压、大电流，立即投入精炼料。精炼的目的是脱去合金中过量的硅，此期混合料是 V_2O_5 和石灰。这一期的加料方法和供电制度同于第二期。炉料全部化清后，反应正常时，用铁耙搅拌，取样分析。合金成分是 V > 40% 、 S < 20% 、 C < 0.75% 、 P < 0.1% 、 S < 0.06% 时，即为一级品，即可出炉。如铁水中 Si 很高，精炼渣中 V_2O_5 含量又低，即可从炉门加入适量 V_2O_5 和石灰进行处理，如调不过来时，可倒出精炼渣，再配料精炼一次。如合金中 P、C 偏高，合金中 V 含量也较高时，可用加钢屑冲淡法处理。

取样合格后便可出铁。出铁时先从炉门将精炼渣倒入渣罐。出完渣后立即倾炉出铁，出铁时应停电抬起电极。铁水倒入铁水包后立即浇注。钒铁锭模下部应垫合金碎块，浇注速度要慢。合金在锭模内自然冷却 15 ~ 20h 后脱模。脱模后清除表面渣滓，破碎包装。

炉料消耗为：冶炼 1t 含钒 40% 的钒铁需纯 V_2O_5 730 ~ 740kg，FeSi75 380 ~ 400kg，钢屑 390 ~ 410kg，铝块 60 ~ 80kg，石灰 1200 ~ 1300kg，电耗 1500 ~ 1600kW·h。钒回收率 97% ~ 98%。

4.14.4.2 铝热法

铝热法冶炼钒铁是在底铺镁砂、内衬镁砖的筒形熔炼炉内进行的，其工艺流程如图 4 – 19 所示。镁砂、炉衬及全部炉料要充分烘干，炉料按配比称量后进混料机充分混合。点火方法有上部点火和下部点火两种。采用上部点火时，直接把混好的炉料装入炉内，用 BaO_2 和铝粉做引火剂，在炉料上部中央点火冶炼，反应激烈，热量集中，炉料喷溅严重，钒的收得率低，故而多采用下部点火。下部点火时，首先在炉筒底部镁砂窝上装入少量炉料，用点火剂点燃，根据炉内反应情况逐步从上部将全部炉料在 10 ~ 15min 内加入炉内，加料速度要合适，以求反应平稳。反应结束后，自然冷却 15 ~ 20h 吊走炉筒，吊出铁锭。出炉后将合金表面炉渣清除干净，按技术要求破碎包装。1t 高钒钒铁消耗纯 V_2O_5 1880kg，铝粒 770kg。钒回收率 80% ~ 90%。

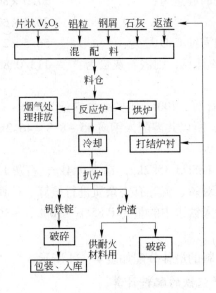

图 4 – 19 铝热法冶炼钒铁工艺流程

4.14.5　钒铁生产配料计算

4.14.5.1　电硅热法生产钒铁配料计算

以冶炼 100kg 含 V40% 的钒铁为例,简化计算,不考虑精炼渣的返回。

A　配料计算

(1) 五氧化二钒量的计算:

100kg 40% 钒铁含钒 $100 \times 40\% = 40$kg,折合纯五氧化二钒为 $40/0.56 = 71.4$kg。

冶炼回收率按 98% 计算,五氧化二钒品位按 90% 计算,其需求量为:

$$71.4/(0.98 \times 0.9) = 80.9 \text{kg}$$

(2) 硅铁量的计算:

根据化学反应式 $2V_2O_5 + 5Si = 4V + 5SiO_2$,如果按 V_2O_5 全部由硅来还原,其理论耗硅量为:

$$(71.4 \times 28 \times 5)/(2 \times 182) = 27.5 \text{kg}$$

实践经验,在整个还原过程中,V_2O_5 有 80% 被硅还原和 20% 被铝还原时,效果最好。若硅的烧损量为 20%,硅铁含硅按 75% 计,则共需 FeSi75 量为:

$$(27.5 \times 80\% \times 1.2)/0.75 = 35.2 \text{kg}$$

(3) 铝块量的计算:

铝的理论消耗量:$3V_2O_5 + 10Al = 6V + 5Al_2O_3$,$(71.4 \times 20\% \times 10 \times 27)/(3 \times 182) = 7.07$kg

若以铝的烧损量为 30%,铝的纯度为 98% 计,则共需耗用铝块为:

$$(7.07 \times 1.3)/0.98 = 9.4 \text{kg}$$

(4) 石灰量的计算:

由于直接参加还原反应的硅量为:　　　　$27.5 \times 80\% \times 1.2 = 26.4$kg

换算成 SiO_2 量为:　　　　　　　　　　$26.4 \times 60/80 = 56.5$kg

按炉渣碱度为 2 计,则需纯 CaO 量为:　　$56.5 \times 2 = 113$kg

石灰的有效 CaO 按 85% 计算,则需石灰量为:　　$113/0.85 = 133$kg

(5) 钢屑量的计算:

钒铁中杂质总量按 5% 计算,100kg 钒铁中含铁量为 $100 - (40 + 5) = 55$kg,硅铁带入铁量为 $35.2 \times 0.25 = 8.8$kg,所以共需配入钢屑 $55 - 8.8 = 46.2$kg。

(6) 料批组成:

五氧化二钒为 80.9kg,FeSi75 35.2kg,铝块 9.4kg,石灰 1330kg,钢屑 46.2kg。

配料计算完成后,必须对磷、硫等有害杂质进行核算。计算核算时可以参考下面的经验数据:冶炼中的磷、硫进入铁水中的量为 P 85% ~ 90%,S 3% ~ 5%。

B　各期炉料分配

生成实践证明,各期炉料的最佳分配如表 4-34 所示。

4.14.5.2　铝热法生产钒铁的配料计算

以还原 100kg 五氧化二钒(含 $V_2O_5$93%)为基础进行计算。

表 4 -34 冶炼各期炉料的最佳分配

名　　称	炉料分配/%		
	第一期	第二期	第三期
V_2O_5	15 ~18	47 ~50	35
FeSi75	75 ~80	20 ~25	
铝块	35	65	
石灰	20 ~25	45 ~50	30
钢屑	100		

A 铝粒用量

铝的理论用量：$3V_2O_5 + 10Al = 6V + 5Al_2O_3$，$100 \times 93\% \times 10 \times 27/(3 \times 182) = 46kg$。

为提高钒的回收率，铝一般过量2%，若铝粒含铝98%，则需铝粒：

$$46 \times 102/98 = 47.88kg$$

B 钢屑用量

钒的回收率按85%计算，100kg五氧化二钒可以冶炼得到含钒80%的钒铁：

$$100 \times 93\% \times (102/182) \times (0.85/0.8) = 55.4kg$$

钢屑杂质含量按5%计算，则钢屑用量为：

$$55.4 - 55.4 \times 5\% - 100 \times 93\% \times (102/182) \times 0.85 = 8.33kg$$

C 冷却料用量

铝还原五氧化二钒放出大量的热量，单位混合料的反应热一般可到达4500kJ/kg。生产实践证明，铝热法冶炼钒铁75% ~80%的高钒铁的单位炉料反应热为3100 ~3400kJ/kg最好，为了降低炉料的单位反应热，需加冷却剂（石灰、返回渣等）。

因为冶炼用的五氧化二钒实际含量为93% ~95%，并且由于五氧化二钒熔化后有少部分分解成低价氧化物，所以铝还原五氧化二钒的实际单位炉料反应热只有3768kJ/kg。还原100kg五氧化二钒的反应热为：

$$3768 \times (100 + 46) = 550128kJ$$

若为达到每千克炉料3266kJ的反应热，炉料重应为：$1 \times 550128/3266 = 168.44kg$，其中100kg五氧化二钒，47.88kg铝粒，8.33kg钢屑，所以应配入冷却料：

$$168.44 - 100 - 47.88 - 8.33 \approx 12kg$$

即石灰、返回渣各6kg。

D 炉料的配比

五氧化二钒100kg，铝粒47.88kg，钢屑8.33kg，石灰6.0kg，返回渣6.0kg。

4.14.6 钒铁生产技术经济指标及原辅材料消耗

电硅热法钒铁生产的主要技术经济指标见表4 -35。

表4－35　电硅热法钒铁主要技术经济指标

项　目		指　标
主要经济技术指标	冶炼电耗/kW·h·t^{-1}	约1500
	动力电耗/kW·h·t^{-1}	1800～2100
	贫渣含钒/%	0.2～0.3
	产品合格率/%	>99.5
	金属回收率/%	82～88
	渣铁比/kg·t^{-1}	2000
主要原材料及辅助材料消耗	五氧化二钒（按 V$_2$O$_5$ 100%计）/kg·t^{-1}	730～740
	石灰（CaO>85%）/kg·t^{-1}	1200～1300
	FeSi75/kg·t^{-1}	350
	铝块（Al>98%）/kg·t^{-1}	90
	钢屑/kg·t^{-1}	390～410
	石墨电极/kg·t^{-1}	25～35
	镁砖/kg·t^{-1}	130～140
	镁砂/kg·t^{-1}	40

4.15　镍　铁

4.15.1　镍及镍铁的用途

镍在大气中不易生锈，能耐氟、碱、盐和多种有机物质的腐蚀。镍系磁性金属，具有良好的韧性，有足够的机械强度，能经受各种类型的机械加工如压延、压磨、焊接等。

镍主要用于制作金属材料，约占总量的70%以上；用于电镀，约占镍总消费量的15%；在石油化工的氢化过程中作催化剂；用作化学电源；制作颜料和染料；制作陶瓷和铁素体。

镍铁是镍及铁的合金，其中含有碳、硅、磷及其他元素。镍铁主要用作冶炼不锈钢的合金剂。

采用红土镍矿生产的镍铁的化学成分一般为：Ni10%～15%，Si≤7%，C≤4.5%，P≤0.06%，S≤0.04%～0.35%。

4.15.2　红土镍矿生产镍铁用原料

采用红土镍矿冶炼镍铁的原料有红土镍矿、焦炭和石灰。

红土镍矿的矿物和化学成分波动很大，特别是含镍量、MgO/SiO$_2$ 质量比等。典型红土镍矿成分为：Ni 1.3%～1.9%，Fe 10%～15%，SiO$_2$ 35%～45%，MgO 17%～25%，P 0.001%～0.007%，H$_2$O 25%～33%。红土矿中含有大量化合水，入炉冶炼前需要进行焙烧脱水。

石灰要求 CaO≥82%。

焦炭要求固定碳大于 82%，灰分小于 15%，含 S≤0.7%，水分小于 6%，粒度 10～25mm。

4.15.3　红土镍矿镍铁冶炼原理

红土镍矿中主要含有 NiO、Cr_2O_3、Fe_2O_3、Al_2O_3、MgO、SiO_2 等多种氧化物。根据氧化物反应自由能数据可知，在红土镍矿的熔点范围内（1600～1700K），红土镍矿中各氧化物在还原性气氛中被还原的顺序由易到难为：NiO > FeO > SiO_2 > Fe_2O_3 > MgO > Cr_2O_3 > Al_2O_3。NiO 最先被还原，且 NiO 还原温度小于 FeO 还原温度，利用这一选择性还原原理可采取缺碳操作，使红土镍矿中几乎所有的镍氧化物优先还原成金属，而高价的 Fe_2O_3 适量还原为金属，其余还原为 FeO 进入熔渣，从而达到富集镍的目的，铁的还原程度通过还原剂焦丁的加入量加以调整。

矿热炉内弧光温度区温度达到 2500℃以上，熔池温度可达 1800℃以上，在此温度下发生的主要反应为：

$$NiO + C == Ni + CO$$
$$Fe_2O_3 + 3C == 2Fe + 3CO$$
$$NiFe_2O_4 + 4C == 2Fe + Ni + 4CO$$
$$Fe_2O_3 + C == 2FeO + CO$$
$$FeO + C == Fe + CO$$
$$Cr_2O_3 + 3C == 2Cr + 3CO$$
$$MgO + C == Mg + CO$$
$$SiO_2 + 2C == Si + 2CO$$

反应生成镍铬铁合金，并含硅镁等元素。炉内的实际化学反应比上述反应要复杂得多。

4.15.4　红土镍矿镍铁冶炼工艺

采用红土镍矿生产镍铁主要有高炉法、回转窑直接还原法、回转窑 – 矿热炉联合法三种。

4.15.4.1　高炉法冶炼

高炉生产镍铁的流程主要是：矿石干燥筛分（大块破碎）—配料—烧结—烧结矿加焦炭块及熔剂入高炉熔炼—镍铁水铸锭和熔渣水淬—产出镍铁锭和水淬渣。高炉生产低镍铁较多，所用原料为含铁 50% 左右和含镍 1% 左右的红土镍矿，生产含镍 5% 左右的低镍生铁。通常镍铁的焦比在 800kg 焦炭/吨镍铁左右。

4.15.4.2　回转窑直接还原熔炼

回转窑直接还原熔炼被公认是能耗和成本最低的生产方法。基本流程是：原矿干燥（大块破碎和磨矿）—配加还原煤和熔剂—入回转窑还原和熔炼—熔块水淬—水淬渣和镍铁粒破碎、磨矿、磁选—产出镍粒铁和细熔渣。该工艺不用焦炭、不用大量耗电，流程短环节少，具有极强的竞争力和生命力。目前，该工艺在国内还没有规模化生产，主要是对配料、耐火材料、结圈等问题尚未取得圆满解决。

4.15.4.3 回转窑—矿热炉冶炼

回转窑—矿热炉冶炼工艺被国内外大量采用，用于生产含镍较高的镍铁合金。熔炼完整的工艺流程是：原矿干燥及大块破碎—配煤及熔剂进回转窑彻底干燥及预还原—矿热炉还原熔炼—镍铁铁水铸锭及熔渣水淬—产出镍铁锭（或水淬成镍铁粒）和水淬渣。

主要工序组成如下：

(1) 干燥：镍矿采用回转干燥筒去除水分；

(2) 配料：将红土矿与无烟煤和石灰石按比例配料、混合；

(3) 预还原：在回转窑内还原；

(4) 冶炼：热料直接入炉冶炼；

(5) 精炼：对合金进行脱硫和脱硅、脱碳精炼；

(6) 浇注或粒化：粒化、干燥、包装或浇铸机铸锭；

(7) 烟气净化：废气进除尘器后排放和电炉煤气回收。

红土镍矿由港口运送到料场堆存、混匀。在原料场堆存与预混匀的红土矿先经过干燥窑脱除大部水分后破碎、筛分，石灰石、还原剂在原料场、备料间加以筛分破碎后，与干燥后的红土矿一起配料混匀送入回转窑。

在回转窑中，原料经进一步干燥、焙烧、预还原，制成约 900～1000℃ 的镍渣（部分还原后的产物）。回转窑烟气经余热锅炉、除尘、脱硫化后排放，粉尘与原料混合后再次入窑。

镍渣在封闭隔热状态下（高架送料小车）加入矿热炉料仓（内衬耐火砖）。根据工艺要求，热态还原产物采用电子轻轨衡进行二次配料后，送矿热炉熔炼系统。通过不同位置的下料管分配到矿热炉内。矿热炉为半封闭（或全封闭）式，自焙电极，埋弧冶炼，还原并熔分粗制镍铁和炉渣，同时产生含 CO 约 75% 的矿热炉荒煤气，荒煤气经过净化送到回转窑烧嘴，与煤粉一起作为燃料。除尘灰经处理后，返回到原料场。矿热炉炉渣经过水淬后可作为建筑材料，用于道路建设、制砖。

液态镍铁合金从矿热炉定期放入钢包内，由钢包车运到浇铸厂房浇铸，合格镍铁锭入库外销。矿热炉的产品是粗制镍铁，出铁前可预先在铁水包加脱硫剂，出铁同时脱硫。

粗制镍铁含 Si、C、P 等杂质，需要继续精炼。扒渣后，兑入转炉，吹氧脱硅，同时加入含镍废料以防铁水温度偏高，脱硅后扒渣（或者挡渣出铁），兑入碱性转炉，吹氧脱磷、脱碳，同时加入石灰石造碱性渣，碱性转炉精炼后的镍铁水送往浇注车间，铸成合格的商品镍铁块或热态直接送往炼钢厂。

总体工艺流程如图 4-20 所示。

4.15.5 镍铁生产节能

矿热炉冶炼含镍生铁的原矿大部分来自国外。原矿石大部分属粉矿，附着水分一般在 30% 左右，结晶水在 10% 左右，所以该矿要进行烧结以后才能入炉冶炼。烧结是冶炼的第一步工序，它不仅关系着冶炼能否正常进行，而且也影响着产品的技术经济指标，与此同时烧结过程中还要消耗较高的能量，应合理选择烧结设备及工艺。采用竖窑烧结和回转窑烧结是较佳选择。

热料入炉是节能的主要方向，电耗将大幅度下降，应积极试验。利用回转窑烧结热料

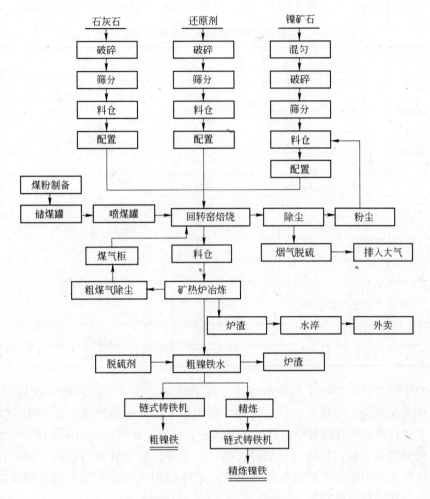

图 4-20 镍铁生产工艺流程

入炉,不仅可节约成本,也可增加产品的市场竞争力。

4.15.6 镍铁生产技术经济指标及原辅材料消耗

生产含 Ni 10%～15%、Si≤7%、C≤4.5%、P≤0.06%、S≤0.04%～0.35% 的镍铁的主要原料和动力的消耗为:红土镍矿 7200kg/t,石灰 2300kg/t,焦炭 470kg/t（热料）,电极糊 40kg/t,电耗 6000kW·h/t（热料）。

4.16 钛 渣

4.16.1 钛渣的化学成分、用途及生产方法

钛渣是生产钛白粉和海绵钛产品的优质原料。钛渣按用途分为酸熔渣（TiO$_2$ 74%～85%）和氯化渣（也称高钛渣,TiO$_2$≥90%）,酸熔渣适合硫酸法生产钛白,氯化渣适合

氯化法生产钛白和海绵钛。表4-36列出了一些钛精矿及钛渣的典型化学组成。

表4-36　钛精矿和钛渣的化学成分（质量分数）　　　　（%）

成　分	原　料			钛　渣		
	攀枝花钛精矿	攀枝花预氧化焙烧钛精矿	广西北海钛精矿	攀枝花矿酸溶性钛渣	攀枝花矿氯化钛渣	广西北海矿高钛渣
ΣTiO_2	47.48	46.85	52.83	75.04	81.2	96.03
Ti_2O_3				23.0	44.6	43.6
FeO	33.01	12.09	37.45	5.16	2.27	1.65
Fe_2O_3	10.20	30.74	8.62			
Fe				0.63	0.60	0.53
CaO	1.09	1.10	0.17	2.16	2.24	0.55
MgO	4.48	4.73	0.10	7.97	8.18	0.63
SiO_2	2.57	2.73	0.80	4.50	3.68	1.55
Al_2O_3	1.16	1.19	0.45	2.99	4.71	2.25
MnO	0.73	0.79	2.51	0.81	0.66	2.38
S	0.46	0.038	0.01	0.10	0.21	0.15
P	0.01	0.01	0.024	0.01	0.01	0.01

　　钛渣的生产方法主要是矿热炉熔炼法。其主要工艺是，以石油焦（或焦炭、木炭、无烟煤）作为还原剂，与钛精矿经过配料、制团后，加入矿热炉内，在1600~1800℃的高温条件下进行熔炼，在高温下选择性还原铁的氧化物，钛氧化物则富集在炉渣中，经渣铁分离得到钛渣和生铁；钛渣经过破碎、筛分、磁选，除去其中的铁屑，制成合格富钛渣；钛生铁加入到中频熔炼炉制成铸造生铁。矿热炉烟气经重力除尘和布袋除尘达标排放，收尘渣返回原料制备回收。

4.16.2　钛渣冶炼用原料

　　生产钛渣的钛矿有钛精矿、金红石钛精矿和钛铁矿。钛精矿、金红石钛精矿含TiO_2高，钛铁矿含TiO_2较低。根据生产钛渣的品位不同，钛铁矿的理化指标不同，例如，生产品位73%~77%的酸溶性钛渣，要求钛铁矿的理化指标为$TiO_2 \geqslant 46.5\%$，钛铁总量≥88%，粒度低于200目的不多于5%，$H_2O \leqslant 0.5\%$。

　　还原剂主要采用石油焦（或焦炭、木炭、无烟煤）。还原剂进厂粒度要求1~10mm，C≥85%，灰分不大于7%，挥发分不大于10%，S≤1.5%，$H_2O \leqslant 5\%$。

　　电极糊要求为：固定碳84%~85%，挥发分不大于3.0%，灰分11%~13.5%，真密度1.85~1.95g/cm^3，抗压强度250~350kg/cm^2（25~35MPa），最佳电流密度5~7A/cm^2。

4.16.3　钛渣冶炼原理

　　钛铁矿精矿用碳质还原剂在矿热炉中进行高温还原熔炼，铁的氧化物被选择还原成金属铁，钛氧化物富集在炉渣中成为钛渣。所产钛渣的 TiO_2 总量超过75%，并含有少量铁、钙、镁、硅、铝、锰和钒等的氧化物杂质。可同时回收钛铁矿中钛和铁，过程无废料产生，炉气可回收利用或经处理达到排放标准。

其主要工艺是，以无烟煤或者石油焦作为还原剂，与钛精矿经过配料、制团后，加入矿热电炉内，在 $1600 \sim 1800℃$ 的高温条件下进行熔炼，产物为凝聚态的金属铁和钛渣，根据生铁与钛渣的比重和磁性差别，使钛氧化物与铁分离，从而获得含 TiO_2 72% ~95% 的钛渣。主要反应式为：

$$FeTiO_3 + C =\!=\!= Fe + TiO_2 + CO$$
$$2FeTiO_3 + 3C =\!=\!= 2Fe + Ti_2O_3 + 3CO$$
$$Fe_2TiO_3 + C =\!=\!= 2Fe + TiO_2 + CO$$
$$2Fe_2TiO_3 + 3C =\!=\!= 4Fe + Ti_2O_3 + 3CO$$

实际反应很复杂，反应生成物 CO 部分参与反应；精矿中非铁杂质也有少量被还原，大部分进入渣相；不同价态的钛氧化物（TiO_2、Ti_3O_5、Ti_2O_3、TiO）与杂质（FeO、CaO、MgO、MnO、SiO_2、Al_2O_3、V_2O_5 等）相互作用生成复合化合物，它们之间又相互溶解形成复杂固溶体。随着还原过程的深入进行，钛和非铁杂质氧化物在渣相富集，渣中 FeO 活度逐渐降低，致使渣相中的 FeO 不可能被完全还原而留在钛渣中。

各生产厂家根据其所用的钛铁矿种类、产品用途和选用的炉型情况不同。全过程主要由炉料准备和电炉熔炼两大环节组成。产出的炉前渣经破碎、磁选处理后便得到钛渣。

矿热炉熔炼法工艺流程短，副产品金属铁可直接利用，不产生固体和液体废料，煤气可回收利用，三废少，工业占地面积小，是一种高效的冶炼方法。

4.16.4　钛渣冶炼工艺及设备

生产钛渣的主要设备是矿热炉，目前国内最大的矿热炉容量为 $22500kV \cdot A$，为半密闭（矮烟罩）式电炉。钛渣产品 TiO_2 大于90%，绝大部分在 92% TiO_2 以上，产品中约50%作为生产氯化钛白和海绵钛的原料，50%用于生产人造金红石，作为电焊条的原料。

用电炉生产钛渣是将钛铁矿与碳质还原剂混合后，装入电炉中经过一定时间高温冶炼使钛铁矿粉中的铁生成铁水，钛富集为钛渣，生产出钛渣和生铁两种产品。

钛渣生产工艺流程如图 4-21 所示。原料经从堆积料场，由装载机装入称重式配料仓组配料，通过混料皮带机运至搅拌机拌合。

运至炉顶总料仓的原料经炉顶布料系统对炉顶分置小料仓进行布料，通过设置在分置料仓的开关向输料管放料，在自身重力作用下自动流入电炉炉膛中，经过电炉一定时间的冶炼，在炉内形成高钛渣及生铁，经过 4~6h 冶炼炉内达到一定积存量，用开堵眼机打开出渣口放出钛渣，出完后堵住炉眼，将渣盆组用卷扬机牵引至钛渣冷却场。此时视钛渣出炉情况用开堵眼机打开出铁口，放出炉中此段时间熔炼好的生铁水，承装铁水的设备为吊挂浇铸式铁水包，有专用的运输台车，出铁结束时用开堵眼机堵住出铁口，用运输台车将铁水包牵引至生铁铸锭机处进行铸锭，如选择将生铁（半钢）精炼为铸钢时，则将铁水包中的铁水直接热装入精炼炉中，进行铁水的精炼，达到热能的最大效率的合理利用。盆中的钛渣可用专用吊具吊出至钛渣冷却场，也可将渣盆整体吊出至钛渣冷却场倾斜渣盆倒出钛渣。

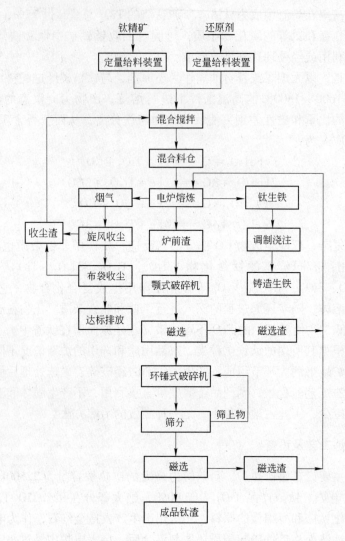

图 4 – 21　钛渣生产工艺流程

钛渣经过炉前起重机吊入钛渣冷却存放车间，通过落锤将大块的钛渣初破为 150 ~ 200mm 的钛渣块，用抓斗式起重机将钛渣块抓入破碎车间存放场，并经颚式破碎机及锤式破碎机破碎成合格粒度产品。

4.16.5　钛渣生产配料计算

配料计算是确定钛铁矿、石油焦粉和沥青的比例。

4.16.5.1　按经验公式进行

三种原料的配比应根据原料成分和炉料所需的实际配碳量（$Q_{实}$）确定：

$$Q_{实} = Q_{理}(1 + K_{过})(kg)$$

式中　$Q_{理}$——按照 100kg 钛铁矿中所含 Fe_2O_3 和 FeO 被 100% 还原为金属铁所需要的理论配碳量；

$K_过$——考虑到熔炼过程中 SiO_2、MnO、V_2O_5 等杂质少量还原所需碳量以及工艺过程中碳的机械损失的过剩系数。

$K_过$ 由实践确定,一般为 $0.2 \sim 1$。熔炼较低品位的钛渣、碳损失小的工艺过程、采用碳质炉衬和自焙式电极熔炼时取下限;熔炼较高品位的钛渣、碳损失大的工艺过程,采用耐火砖炉衬和石墨电极熔炼时取上限。

沥青的配入量按钛铁精矿:沥青 $=100:(6 \sim 6.5)$ 的配比为宜。在 $Q_实$ 中减去沥青引入的碳量($Q_沥$)后,石油焦的配入量按下式计算:

$$G_焦 = (Q_实 - Q_沥)/C_焦 (\text{kg})$$
$$Q_沥 = (6 \sim 6.5) \times C_沥 (\text{kg})$$

式中 $C_焦$——石油焦的含碳量,%;

$C_沥$——沥青的含碳量,%。

由此得出配料比:

钛铁矿:石油焦:沥青 $= 100 : G_焦 : (6 \sim 6.5)$

4.16.5.2 精确计算

配料计算按所有还原反应耗碳量,并考虑铁水渗碳量及机械损失量详细计算。

4.16.6 钛渣生产节能

钛渣生产节能措施主要采用以下三个方面:

(1)钛渣熔炼电炉应淘汰敞口式电炉,改用密闭式电炉。密闭式电炉的平均电耗为 $2200 \sim 2400 \text{kW} \cdot \text{h/t}$ 渣,而敞口式电炉在 $3000 \text{kW} \cdot \text{h/t}$ 渣以上,密闭炉可省电 10% 左右。精矿损失可减少约 6%。产能可提高 20% 左右,且热损失小,粉尘少,劳动条件好。连续加料,并能回收利用炉气(热值约为 8360kJ/m^3)。

(2)在可能情况下,用无烟煤代替石油焦,粉料入炉改用球团入炉,充分利用钛渣生产中的余热。

(3)电炉大型化。电炉容量大,不仅节能,而且可分口放料,渣铁分离容易。

4.16.7 钛渣生产技术经济指标及原辅材料消耗

我国某厂 $6300 \text{kV} \cdot \text{A}$ 电炉的技术经济指标见表 $4 - 37$。

表 4 - 37 钛渣的主要技术经济指标

项 目	指 标	项 目	指 标
金属铁回收率/%	$88 \sim 90$	石油焦/$\text{kg} \cdot \text{t}^{-1}$	$140 \sim 150$
TiO_2 回收率/%	$90 \sim 92$	沥青/$\text{kg} \cdot \text{t}^{-1}$	$125 \sim 135$
钛铁精矿/$\text{kg} \cdot \text{t}^{-1}$	$2070 \sim 2080$	交流电/$\text{kW} \cdot \text{h} \cdot \text{t}^{-1}$	$2800 \sim 3400$

4.17 钛 铁

4.17.1 钛铁的牌号及用途

钛铁是冶金生产中的重要脱氧剂、合金添加剂和脱氮剂。钛铁也是钛钙型电焊条涂料之一。钛还越来越多地被应用尖端工业材料，如用于飞机、导弹结构部件的高强度合金，燃气轮叶片等高温高强度合金，时效硬化高温合金，高温铸造合金等。钛铁中除含钛、铁外，还含有铝、硅、磷、碳、铜、锰等。常用钛铁的牌号及成分见表4-38。

表4-38　常用钛铁牌号及化学成分（GB/T 3282—2006）

牌　号	化学成分（质量分数）/%							
	Ti	C	Si	P	S	Al	Mn	Cu
FeTi30 – A	25.0~35.0	≤0.10	≤4.5	≤0.05	≤0.03	≤8.0	≤2.5	≤0.20
FeTi30 – B	25.0~35.0	≤0.15	≤5.0	≤0.06	≤0.04	≤8.5	≤2.5	≤0.20
FeTi40 – A	35.0~45.0	≤0.10	≤3.5	≤0.05	≤0.03	≤9.0	≤2.5	≤0.20
FeTi40 – B	35.0~45.0	≤0.15	≤4.0	≤0.07	≤0.04	≤9.5	≤2.5	≤0.20
FeTi70 – A	65.0~75.0	≤0.10	≤0.5	≤0.04	≤0.03	≤3.0	≤1.0	≤0.20
FeTi70 – B	65.0~75.0	≤0.20	≤4.0	≤0.06	≤0.03	≤5.0	≤1.0	≤0.20
FeTi70 – C	65.0~75.0	≤0.30	≤5.0	≤0.08	≤0.04	≤7.0	≤1.0	≤0.20

　　钛铁生产目前用废钛重熔法和钛精矿金属热还原法。废钛重熔法是将符合化学成分的废钛与废钢在中频炉中混熔而成，一般生产高钛铁（FeTi70）。钛精矿金属热还原法（铝热法）又称炉外法，是利用金属铝粉与钛精矿进行反应，还原产出钛铁合金，这种方法是 FeTi30 钛铁的标准生产工艺。以下仅介绍铝热法工艺。

4.17.2　铝热法钛铁生产用原料

　　铝热法生产钛铁的主要原料有钛精矿、铁矿、铝粒、硅铁及石灰。

　　钛精矿：含 TiO_2 48%~52%，$\sum Fe$ 33%~38%，FeO<34%，SiO_2<1.5%，P<0.04%，S<0.04%，C<0.05%，H_2O<2.0%。粒度 50~120 目大于80%。钛精矿在配料前要经过 1023~1123K 的温度下在回转窑内焙烧预热，使矿粒结构发生变化，以利于还原。

　　铁矿：作为发热添加剂及调整合金成分配入，采用高品位富铁矿。成分要求为 $\sum Fe$>64%，FeO<10%，SiO_2<7%，P<0.02%，S<0.05%，C<0.1%。块度小于200mm×200mm，经焙烧加工后粒度小于1mm用于配料。

　　铝粒：作为还原炉料中 TiO_2 和其他氧化物的还原剂。含铝高有利生产，一般采用 A3 牌号，其含铝量大于98%，Fe<1.1%，Si<0.02%，Cu<0.05%，粒度 0~0.1mm 的小于10%，0.1~2.0mm 的不小于80%，2.0~5.0mm 的小于10%。

　　硅铁：使用 FeSi75，Si 和 Ti 形成化合物，可阻止铝进入合金中，提高铝的利用率。硅铁破碎球磨成粉使用，其化学成分是 Si 72%~80%，Mn<0.5%，Cr<0.5%，P<0.04%，S<0.02%。粒度小于20mm×20mm者大于80%，1mm的粒度用于配料。

　　石灰：作为熔剂使用，改善炉渣的流动性，阻止 TiO 和 Al_2O_3 反应，提高钛的回收率，要求有效 CaO>85%，C<1.0%，SiO_2<2%，经加工后粒度小于2mm 的用于配料。

4.17.3　铝热法钛铁冶炼原理

　　在电炉中用碳还原钛精矿只能得到含碳很高的钛合金。碳和钛生成稳定的 TiC，碳化钛的熔点很高，必须在 2000℃ 的高温下才能进行冶炼。由于高碳钛合金含碳高，因此只能作为还原剂和除气剂，因此现在一般不用此种方法生产钛铁。

生产钛铁普遍应用铝热法，其主要反应是：

$$TiO_2 + 4/3Al \Longrightarrow Ti + 2/3Al_2O_3 \qquad \Delta G^\ominus = -167472 + 12.1T$$

有一部分还原成 TiO，反应式为：

$$2TiO_2 + 4/3Al \Longrightarrow 2TiO + 2/3Al_2O_3 \qquad \Delta G^\ominus = -452655 + 14.36T$$

在合金中铝高，TiO 在渣中也高时，钛的还原才能实现：

$$2TiO + 4/3Al \Longrightarrow 2Ti + 2/3Al_2O_3 \qquad \Delta G^\ominus = -117858 + 9.92T$$

TiO 是强碱性的，只有在足够碱度的渣中，才能使 TiO 还原成 Ti，其反应如下：

$$2TiO + 4/3Al + 2/3CaO \Longrightarrow 2Ti + 2/3(CaO \cdot Al_2O_3) \qquad \Delta G^\ominus = -190813 + 12.14T$$

铝热法还原时，TiO_2、FeO、MnO 等的单位反应热效应如下：

$$TiO_2 + 4/3Al \Longrightarrow Ti + 2/3Al_2O_3 \qquad 1720.7kJ/kg$$
$$SiO_2 + 4/3Al \Longrightarrow Si + 2/3Al_2O_3 \qquad 2545.5kJ/kg$$
$$2FeO + 4/3Al \Longrightarrow 2Fe + 2/3Al_2O_3 \qquad 3207kJ/kg$$
$$2/3Fe_2O_3 + 4/3Al \Longrightarrow 4/3Fe + 2/3Al_2O_3 \qquad 4015kJ/kg$$
$$3MnO_2 + 4Al \Longrightarrow 3Mn + 2Al_2O_3 \qquad 1921.7kJ/kg$$
$$3TiO_2 + 2Al \Longrightarrow 3TiO + Al_2O_3 \qquad 2105.9kJ/kg$$

为使钛铁冶炼过程正常进行，反应热效应必须达到 2550~2600kJ/kg。

铁的氧化物几乎全部被还原，SiO_2 还原 90%，TiO_2 还原成 Ti 最高为 77%，TiO 还原 75%~80%，渣中的 Ti 以低价氧化物存在，很难还原，炉料预热后，每增加 100℃，可提高单位热效应近 125kJ/kg。

4.17.4　铝热法钛铁冶炼工艺

铝热法冶炼钛铁工艺流程如图 4-22 所示。

首先进行配料，配料要准确。主料按照钛精矿、硅铁、铁矿、石灰、铝粒的顺序配料。配好的炉料在混料机中混匀无分层，然后倒入料斗，并测温，再吊至料架上准备冶炼。精炼料由铝粉、铁矿石、硅铁、石灰组成，也应按比例配好待用。

冶炼钛铁使用的是由四片铸铁片组合成的上口小、下口大的圆筒形熔炉。冶炼前用吊车将炉筒吊至平整好的炉基上，先将炉筒与砂基连接处用镁砂塞紧，然后做砂窝，砂窝下部为粗镁砂，踏实后下面撒一层细镁砂，砂窝要铺实。渣槽与渣口接严，并向渣坑倾斜，以利放出残渣。

料架加料口要对正炉子中心，加底料约 1~1.5 批后扣上烟罩。全部炉料配好后，点火冶炼，点火前启动排风机，点火剂由镁屑和氯化钾组成。用红火激发点火剂，使底料反应。加料要先慢，不可太快，太快时，底料未达反应温度而处于熔融状态，积存在砂窝表面，或形成渣子排挤于四周。熔池扩大时再增加加料速度，合适的速度应使反应迅速而均匀。反应后期控制加料速度，防止反应过激而引起喷溅或爆炸，在液面未超过镁砂窝之前要防止"翻渣"，保证锭表面平滑，不夹渣。

主料反应完毕后，加入精炼料以提高炉渣温度，并使精炼料反应生成的铁滴在下降的

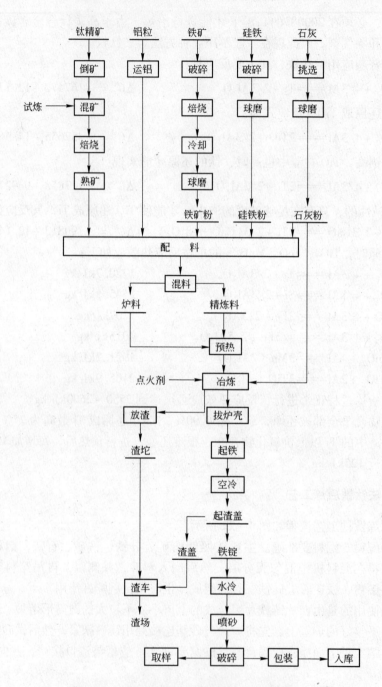

图 4 – 22　铝热法生产钛铁工艺流程图

过程中将悬浮在渣层中的铁珠带入熔池。精炼料的加入要及时、均匀且集中。

　　精炼料反应完毕,加入石灰,保护渣面使之缓凝,铁粒沉降。镇静几分钟后开渣孔放出 2/3 炉渣,放出的炉渣经溜槽入渣罐或渣坑水淬后做水泥材料。炉内的渣覆盖在铁锭表面保护铁锭,14h 后拔去炉壳,20h 后起铁,空冷 1～2h,同时起渣盖。然后放入水箱中水冷,清除锭底渣,送去精整,并破碎包装。

4.17.5 铝热法钛铁生产配料计算

以 100kg 钛精矿为计算基础，计算相应的料批组成中铝粒、铁矿、硅铁及石灰用量。

4.17.5.1 计算条件

（1）原料的化学成分见表 4 – 39。

表 4 – 39 原料化学成分 （%）

原料名称	化学成分							
	TiO_2	$\sum Fe$	FeO	SiO_2	Fe	Al	Si	$CaO_{有效}$
钛精矿	50.44	33.08	33.19	1.45				
铁矿粉		65.54	16.44	3.80				
铝粒					1.12	97.70	0.16	
硅铁粉					20.45		74.55	
石灰粉			1.07					87.40

（2）原料中各氧化物的还原率为：

TiO_2：77% 被还原成 Ti，其余 23% 被还原成 TiO；

FeO：99% 被还原成 Fe；

Fe_2O_3：99% 被还原成 Fe；

SiO_2：90% 被还原成 Si。

（3）钛铁合金成分为 Ti 31%，Al 7.0%，Si 4.3%。

（4）铝粒配料量在主料中为理论需铝量的 103%，在副料中为 75%。

（5）石灰配入量为实际配铝量的 22%。

4.17.5.2 计算过程

（1）Fe_2O_3 量的计算：

铁矿中的 Fe_2O_3 量为：$\left(65.54 - 16.44 \times \dfrac{56}{72}\right) \times \dfrac{160}{112} = 75.36kg$

钛精矿中 Fe_2O_3 量为：$\left(33.08 - 33.19 \times \dfrac{56}{72}\right) \times \dfrac{112}{160} = 10.38kg$

（2）钛铁组成计算：

TiO_2 还原成 Ti 的量为：$\qquad 50.44 \times 77\% \times \dfrac{141}{240} = 23.30kg$

钛铁的量为：$\qquad 23.30/0.31 = 75.16kg$

合金中含硅量为：$\qquad 75.16 \times 4.3\% = 3.16kg$

合金中含铝量为：$\qquad 75.16 \times 7\% = 5.26kg$

合金中含锰量及其他杂质元素设为 3%，则其质量为：

$\qquad 75.16 \times 3\% = 2.26kg$

合金中含铁量为：$75.16 - 23.30 + 3.16 + 5.26 + 2.26 = 41.19kg$

（3）铁矿配入量的计算：

由钛精矿进入合金的铁量为：$33.08 \times 99\% = 32.75kg$

应加入的铁矿量为： $(41.19 - 32.75)/0.6554 = 19.64$ kg

炉料中加入的铁矿量应通过热平衡计算来决定更为合理，但通常是依据矿的种类、化学成分、粒度等方面的情况，先根据经验设以铁矿配入量，再经热量验算。

此例中设主料配入铁矿 5.5kg，其余 14.14kg 配入精炼料中。

（4）主料中各氧化物还原所需铝量的计算：

$$3TiO_2 + 4Al =\!\!=\!\!= 2Al_2O_3 + 3Ti \qquad 50.44 \times 77\% \times \frac{108}{240} = 17.48\text{kg}$$

$$3TiO_2 + 2Al =\!\!=\!\!= Al_2O_3 + 3TiO \qquad 50.44 \times 23\% \times \frac{54}{240} = 2.61\text{kg}$$

$$Fe_2O_3 + 2Al =\!\!=\!\!= Al_2O_3 + 2Fe \qquad (10.38 + 5.5 \times 75.16\%) \times 99\% \times \frac{54}{160} = 4.85\text{kg}$$

$$3FeO + 2Al =\!\!=\!\!= Al_2O_3 + 3Fe \qquad (33.19 + 5.5 \times 16.44\%) \times 99\% \times \frac{54}{216} = 8.44\text{kg}$$

$$3SiO_2 + 4Al =\!\!=\!\!= 2Al_2O_3 + 3Si \qquad (1.45 + 5.5 \times 3.80\%) \times 90\% \times \frac{108}{180} = 0.90\text{kg}$$

总需铝量为：$17.48 + 2.61 + 4.85 + 8.44 + 0.90 = 34.28$ kg

（5）炉料配入铝粒量的计算：

取实际配入量为理论量的 1.03，则炉料配入铝量为：

$$(34.28 + 5.26) \times 1.03 = 40.73\text{kg}(注：5.26 为合金中含铝量)$$

折算成铝粒用量为：$40.73 \div 97.7\% = 41.7$ kg

（6）石灰配入量的计算：

石灰配入量为铝粒配入量的 22%，则石灰配入量为：

$$41.7 \times 22\% = 9.18\text{kg}$$

（7）硅铁配入量的计算：

合金中含硅量为 3.16kg。

由钛精矿和铁矿还原的硅为：

$$(1.45 + 5.5 \times 3.8\%) \times 90\% \times \frac{84}{180} = 0.70\text{kg}$$

由铝粒带入的硅为： $41.7 \times 0.16\% = 0.07$ kg

由石灰带入的硅为： $9.18 \times 1.07\% \times 90\% \times 28/60 = 0.04$ kg

由 FeSi 带入合金中的硅为：

$$3.16 - (0.70 + 0.07 + 0.04) = 2.35\text{kg}$$

折合成 FeSi 为： $2.35/0.7455 = 3.15$ kg

硅铁在主料和副料中的比例应控制在 4:3 ~ 5:4。在此例中主料配入 1.8kg，副料配入 1.35kg。这样的比例可以减少硅的偏析。

（8）精炼料中各铝化物还原所需的铝量的计算：

Fe_2O_3 还原为 Fe，按 $Fe_2O_3 + 2Al =\!\!=\!\!= Al_2O_3 + 2Fe$ 反应所需铝量为：

$$14.14 \times 75.16\% \times 99\% \times \frac{54}{160} = 3.55\text{kg}$$

对 FeO 还原 Fe，按 $2Al + 3FeO =\!\!=\!\!= 3Fe + Al_2O_3$ 反应所需铝量为：

$$14.14 \times 16.44\% \times 99\% \times \frac{54}{216} = 0.58kg$$

由于精炼中铁的氧化物可以部分被硅还原，同时炉料刚反应完毕时，渣中有残存的还原剂，故精炼料的配铝量只为理论量的 70% ~ 80%。在此例中取 75%。由此可得：

$$(3.55 + 0.58) \times 75\% / 0.977 = 3.17kg$$

（9）精炼料中石灰配入量的计算：

为改善炉渣的流动性，在精炼料中加入较多的石灰，通常加入 1kg 石灰。

4.17.5.3 炉料配比

主料：钛铁矿 100kg，铝粒 41.7kg，铁矿 5.5kg，硅铁 1.8kg，石灰 9.18kg；

精炼料：铝粒 3.17kg，铁矿 14.14kg，硅铁 1.35kg，石灰 1.0kg。

4.17.6 钛铁生产节能

钛铁生产节能应从以下几个方面开展。

4.17.6.1 原材料的影响

铝粒的影响：增加合金的含 Al 量，Ti 回收率增加，一般以理论配铝量的 103% ~ 106% 为适宜配铝量，大于 106% 时合金增 Al 量显著，过低时反应不完全。铝粒以 0.6 ~ 1.5mm 的粒度为好，过细燃烧损失大，过粗氧化物和铝接触面小，反应差。含硅高的铝好，硅化合物的形成阻止铝化合物生成的趋势，因而可以使铝多进入合金。

钛精矿：钛精矿品位高，合金中钛高，出铁量高，以 48% ~ 51% 的二氧化钛为宜，FeO/Fe_2O_3 比值高的精矿能获得好的技术经济指标。粒度以 50 ~ 100 目为好。

铁矿：为保证合适的反应速度和单位热效应，要有足够的铁熔解还原的钛及其他成分。应根据钛铁矿的全铁量确定合适的铁矿加入量。铁矿加入不足，热量不足，渣流动性差。配铁矿多，TiO_2 生成 TiO，合金中含 Ti 低。

石灰：石灰降低渣的熔点，增加渣的流动性，石灰配入量为铝粒量的 18% ~ 20% 为宜。加入石灰可提高 Ti 的回收率。含 C 不可太过，含 CaO 要高，粒度 2mm 左右，不用未烧透的石灰。

硅铁的影响：Ti 与 Si 形成 Ti_5Si_3，阻止铝化合物的形成，并且阻止 Al 进入合金。主料中的硅配为 2.0kg 左右。

4.17.6.2 单位热效应的影响

影响单位热效应的因素有：（1）炉料的化学反应热；（2）炉料带入的物理热。化学反应热主要由钛精矿、铁矿的成分与配料量决定，物理热主要由钛精矿的预热温度所决定。实践证明，TiO_2 50% 左右的精矿，炉料加热到 453 ~ 473K，冬季不超过 523K 为宜，料温过低 Ti 还原率不高，将产生含 Ti 低含 Al 高的合金。

4.17.6.3 加料速度及精炼料的影响

适当的加料速度，增加出铁量，热量集中，铁粒沉降好。

加料过快时，合金含 Ti 低，过慢时，热量不集中，热损失大，出铁量低。因此要均匀加料。阻止加料幅度变化太大，或停止加料造成锭侧面不平，出现深沟或夹渣。

4.17.6.4 炉壳形状和尺寸

高径比 h/D 在 0.85 左右为宜，过大、过小都不利于铁的沉降，或渣铁分离。

4.17.7 钛铁生产技术经济指标及原辅材料消耗

钛铁生产的主要技术经济指标见表4-40。

表4-40 钛铁生产的主要技术经济指标

项　　目		指　　标
主要经济 技术指标	产品合格率/%	>99
	元素回收率/%	74~75
	渣铁比/kg·t⁻¹	1250
主要原材料及 辅助材料消耗	钛精矿（TiO₂ 50 %）/kg·t⁻¹	1100~1300
	铁鳞/kg·t⁻¹	140~150
	石灰/kg·t⁻¹	130~150
	硅铁（Si 75%）/kg·t⁻¹	30~40
	铝粒/kg·t⁻¹	470~510
	炉筒材料/kg·t⁻¹	25~30
	耐火材料/kg·t⁻¹	8
	镁砂/kg·t⁻¹	40~60

4.18 稀土铁合金

4.18.1 稀土铁合金的牌号、用途及生产方法

稀土铁合金是稀土元素和铁为主要成分的铁合金。稀土铁合金主要用作炼钢添加剂，铸铁球化剂、蠕化剂和孕育剂。

稀土铁合金的品种很多，稀土硅铁是稀土铁合金的主要品种。

稀土硅铁合金一般含稀土17%~37%，Si 35%~46%，Mn 5%~8%，Ca 5%~8%，Ti 6%，其余为铁。合金为银灰色，熔点为1473~1573K。稀土硅铁合金牌号及化学成分见表4-41。

表4-41 稀土硅铁合金牌号及化学成分（GB/T 4137—2004）

牌　号	化学成分（质量分数）/%						
	RE	Ce/RE	Si	Mn	Ca	Ti	Fe
195023	21.0~24.0	≥46	≤44.0	≤2.5	≤5.0	≤2.0	余量
195026	24.0~27.0	≥46	≤43.0	≤2.5	≤5.0	≤2.0	余量
195029	27.0~30.0	≥46	≤42.0	≤2.0	≤5.0	≤2.0	余量
195032	30.0~33.0	≥46	≤40.0	≤2.0	≤4.0	≤1.0	余量
195035	33.0~36.0	≥46	≤39.0	≤2.0	≤4.0	≤1.0	余量
195038	36.0~39.0	≥46	≤38.0	≤2.0	≤4.0	≤1.0	余量
195041	39.0~42.0	≥46	≤37.0	≤2.0	≤4.0	≤1.0	余量

稀土硅铁除直接使用外，还用作生产其他稀土复合合金如稀土镁硅铁合金等的原料。

稀土镁硅铁合金一般含混合轻稀土金属 5%～21%，含金属镁 8%～13%。稀土硅铁镁合金在银灰色基体中闪烁着蓝色光泽。稀土镁硅铁合金的牌号及化学成分见表4-42。

表 4-42 稀土镁硅铁合金的牌号及化学成分（GB/T 4138—2004）

牌　号	化学成分（质量分数）/%								
	RE	Ce/RE	Mg	Ca	Si	Mn	Ti	MgO	Fe
195101A	0.5～2.0	≥46	4.5～5.5	1.5～3.0	≤45.0	≤1.0	≤1.0	≤1.0	余量
195101B	0.5～2.0	≥46	5.5～6.5	1.5～3.0	≤45.0	≤1.0	≤1.0	≤1.0	余量
195101C	0.5～2.0	≥46	6.5～7.5	1.0～2.5	≤45.0	≤1.0	≤1.0	≤1.0	余量
195101D	0.5～2.0	≥46	7.5～8.5	1.0～2.5	≤45.0	≤1.0	≤1.0	≤1.0	余量
195103A	2.0～4.0	≥46	6.0～8.0	1.0～2.0	≤45.0	≤1.0	≤1.0	≤1.0	余量
195103B	2.0～4.0	≥46	6.0～8.0	2.0～3.5	≤45.0	≤1.0	≤1.0	≤1.0	余量
195103C	2.0～4.0	≥46	7.0～9.0	1.0～2.0	≤45.0	≤1.0	≤1.0	≤1.0	余量
195103D	2.0～4.0	≥46	7.0～9.0	1.0～2.0	≤45.0	≤1.0	≤1.0	≤1.0	余量
195105A	4.0～6.0	≥46	7.0～9.0	1.0～2.0	≤44.0	≤2.0	≤1.0	≤1.2	余量
195105B	4.0～6.0	≥46	7.0～9.0	1.0～3.0	≤44.0	≤1.0	≤1.0	≤1.2	余量
195107A	6.0～8.0	≥46	7.0～9.0	1.0～2.0	≤44.0	≤2.0	≤1.0	≤1.2	余量
195107B	6.0～8.0	≥46	7.0～9.0	2.0～3.0	≤44.0	≤2.0	≤1.0	≤1.2	余量
195107C	6.0～8.0	≥46	9.0～11.0	1.0～3.0	≤44.0	≤2.0	≤1.0	≤1.2	余量
195109	8.0～10.0	≥46	8.0～10.0	1.0～3.0	≤44.0	≤2.0	≤1.0	≤1.2	余量
195118	17.0～20.0	≥46	7.0～10.0	1.5～3.5	≤42.0	≤2.0	≤2.0	≤1.2	余量

稀土铁合金的生产方法主要有电硅热法、碳还原法和兑混法：

（1）电硅热法。电硅热法是在电弧炉中采用间歇式操作方法，利用石灰做熔剂，用硅铁作还原剂还原稀土富渣中稀土元素而得到稀土合金。我国生产稀土硅铁合金主要用这种方法。

（2）碳还原法。碳还原法是把稀土富渣、硅石、焦炭和钢屑按一定比例组成的混合料加入矿热炉内，用焦炭还原硅石而得到硅，硅再还原稀土富渣中稀土元素得到稀土合金，冶炼进行连续式操作。这种方法多用制取稀土硅镁合金。

（3）兑混法。兑混法是把不同的单一稀土金属组成的炉料，在感应炉内熔化制得。

4.18.2　冶炼稀土铁合金用原料

我国稀土资源丰富，储量大，类型多，目前主要来源有如下几种：

稀土精矿。由多种元素共生的复合矿，经选矿后稀土氧化物可达 30%～60%。

稀土氧化物。为独居石经提钍后得到的产品，或处理其他稀土金属矿的产品，或处理稀有金属矿所得到的产品，呈碳酸盐或氢氧化物存在，焙烧之后稀土氧化物达 85%～95%。

含稀土的炉渣。用火法处理某些稀土矿石，可得到含稀土较高的炉渣。如将包头白云鄂博矿含稀土氧化物 8%～11%，Fe 24%～27%，F 9%～11%，SiO_2 11%～12.5%，CaO

18.0% ~18.6%，MnO 1.1% ~1.8%，MgO 2.4% ~2.9%，P 1.5% ~1.6% 和含 Nb_2O_5 0.1% ~0.2% 的中贫矿加入高炉冶炼，矿石中的铁、锰、磷、铌大部分还原入铁，而稀土则富集在渣中，渣中含 RE_xO_y 10% ~15%，CaO 35% ~40%，SiO_2 20% ~22%，MnO < 2%，$\sum Fe$ <1%。

我国冶炼稀土硅铁合金的原料，主要是含稀土的炉渣。炉渣中氧化物有 CeO_2、La_2O_3、Pr_5O_{11}、Nb_2O_3、Sm_2O_3、Ga_2O_3。

4.18.3　稀土硅铁合金冶炼原理

从氧化物生成的自由能图中可以看出，在低温用碳还原稀土氧化物困难，用硅还原也不可能。实际使用硅还原稀土金属富渣，在一定条件下，反应可以顺利进行，这是因为铁和其他元素的存在会促使反应在低温下进行。

稀土硅铁合金的冶炼原理可表述如下：

当炼稀土合金时，在一定条件下，CaO 可被硅还原成 CaSi，稀土氧化物再被 CaSi 还原。反应式为：

$$2CaO + 3Si = 2CaSi + SiO_2$$

$$RE_2O_3 + CaSi + 4Si = 2RESi_2 + CaO + SiO_2$$

$$2REO_2 + 2CaSi + 4Si = 2RESi_2 + 2CaO \cdot SiO_2$$

以上均为放热反应，所以冶炼温度不能控制太高，以防硅和稀土元素过多的挥发或烧损。

提高炉渣的碱度有利于稀土氧化物的还原。然而碱度太高，则黏度增大，不利于反应的充分进行。

采用碳还原冶炼时，稀土氧化物，如 CeO_2 可能被 C 还原成 Ce_2O_3，反应式为：

$$2CeO_2 + C = Ce_2O_3 + CO$$

随着温度的升高，Ce_2O_3 与炉内生成的 Si 和 SiC 作用，反应式为：

$$Si + Ce_2O_3 + 3SiC = 2CeSi_2 + 3CO$$

$CeSi_2$ 与炉料中的钢屑组成稀土硅铁合金。

我国稀土合金产量占世界总产量的一半左右。目前，基本采用电硅热法，即先用矿热炉炼出硅铁，再用电弧炉或矿热炉或反射炉以硅铁作还原剂精炼高炉稀土富渣得到稀土硅铁合金。这种生产方法产量大、质量好、品种齐全、适于大规模工业生产，是比较成熟的生产工艺。

4.18.4　稀土铁合金的冶炼工艺

4.18.4.1　电硅热法生产稀土硅铁合金

电硅热法冶炼稀土硅铁合金是在电弧炉内进行的，炉衬为碳素材料，炉盖用高铝砖砌筑。对采用的稀土富渣的要求是：RE_xO_y >10%，MnO <2%，$\sum Fe$ <1%，粒度 10 ~250mm。石灰中 CaO >85%，粒度 0 ~100mm。FeSi 中 Si >72%，粒度 0 ~100mm。

冶炼时，硅铁还原剂是在其他炉料稀土富渣和石灰全熔后加入电弧炉内的。为了使合金和炉渣充分接触，以加速还原反应，应对熔池进行充分搅拌。冶炼时，先送电起弧，待弧光稳定后，将稀土富渣和石灰交替加入炉内，用最大电流加速熔化，并及时将炉膛周围的冷料推向中心高温区。当炉料熔化 80% 以上时，带电向炉内加入硅铁，硅铁应加在高温区，采用低压大电流操作，当硅铁熔化后，炉温达到要求便可停电。然后插入搅拌管，管内通入压缩空气或蒸汽进行搅拌。当炉内反应变弱后便可停止搅拌，继续送电，取样分析，成分合格后便可出铁。出铁后先出一部分炉渣，其余炉渣和合金倒入另一个罐内，经自然冷却后，翻罐取出合金。冶炼 1t 稀土硅铁合金的消耗为：稀土富渣 4.0 ~ 4.5t，石灰 3.0 ~ 3.5t，硅铁 0.8 ~ 0.9t，电耗 3500 ~ 4000kW·h。稀土的回收率在 60% 左右。

4.18.4.2 稀土硅镁合金的生产

稀土硅镁合金使用稀土硅铁合金加入镁锭配制而成，即先在电弧炉内生产稀土硅铁合金，在出炉前将所需镁锭破碎成约 100mm 左右的小块，并把它防止于热的合金罐内，配镁量通常为合金量的 10%。然后，将温度为 1250℃ 左右的合金线缓慢而后快速地冲入合金罐内，并立即用专用工具搅动，直到所有镁块熔化完毕。合金经自然冷却后翻罐倒出，经破碎后装入专用桶内。

4.18.5 稀土硅铁合金生产配料计算

以生产稀土硅铁合金为例，以其成分和炉料组成为依据，按电炉总装入量分别计算稀土炉渣、石灰和硅铁所需数量。

4.18.5.1 稀土炉渣和硅铁用量的计算

稀土炉渣和硅铁用量之比可按下式计算：

$$A \times 0.835 \times (RE_xO_y)f = C[RE]g$$

或

$$\frac{A}{C} = \frac{g[RE]}{0.835f(RE_xO_y)}$$

式中　　A——稀土炉渣量；

　　　　C——硅铁量；

　　　[RE]——合金中稀土金属的含量；

　(RE_xO_y)——稀土炉渣中稀土氧化物的含量；

　　　　f——稀土金属回收率，经验数据为 0.55% ~ 0.65%；

　　　　g——合金回收率，经验数据为 1.1% ~ 1.2%；

　0.835——稀土氧化物换算成稀土金属的系数。

若将给定和已知数据代入上式，便可得出 A 和 C 的比值。如果算得的比值为 6.1，则表示 6.1t 稀土炉渣需配 1t 硅铁，或者 610kg 稀土炉渣需配 100kg 硅铁。

4.18.5.2 石灰量计算

石灰量根据配量碱度、稀土炉渣用量及其成分按下式计算：

$$R = \frac{A(CaO_{稀土} - 1.47F_{稀土}) + BCaO_{石灰}}{ASiO_{2稀土} + BSiO_{2石灰}}$$

式中　　　　　　　A——稀土炉渣量；

　　　　　　　　　B——石灰量；

$CaO_{稀土}$，$SiO_{2稀土}$，$F_{稀土}$——分别为稀土炉渣中的 CaO、SiO_2 和 F 的含量；

$CaO_{石灰}$，$SiO_{2石灰}$——分别为石灰中 CaO 和 SiO_2 含量；

1.47——CaO 与 F_2 的比值，即 56/38。

生产实践表明，配料（炉料）碱度应按 3.0～3.5 控制。将给定和已知数据代入上式，很容易求出石灰用量。由于稀土炉渣和石灰的成分变化很大，因而石灰用量可按下面经验式求出：

$$B = A \times (0.7 \sim 0.8)$$

按上述方法计算稀土炉渣、硅铁和石灰的用量后，很容易算出每一种炉料所占混合炉料的百分数。如果电炉每一炉总装入量为 15t，将每一种炉料所占百分数乘以 15 便得到每一种炉料的配加量。

4.18.6　稀土铁合金生产节能

一步法炼稀土硅铁合金（图 4-23）是重要的工艺流程革新，是在矿热炉中直接加入高炉稀土富渣、硅石、焦炭、钢屑一次炼出稀土硅铁合金，不再单加硅铁。一步法炼稀土硅铁合金，特别是低稀土硅铁合金，可以连续生产，简化了工艺流程，稀土回收率高，可能成为今后生产低稀土硅铁合金的一条新的途径。但目前存在炉底上涨严重，碳质还原剂生成的碳化硅及其他高熔点碳化物在炉底堆积等关键问题尚待解决。工艺还不成熟，有待继续试验摸索。

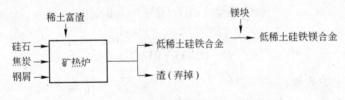

图 4-23　一步法稀土硅铁合金生产流程

一步法炼稀土硅钙合金（图 4-24）。一步法生产低稀土硅钙合金工艺上是可行的，可以连续生产。稀土钙合金是用硅石石灰、稀土渣做原料，焦炭等做还原剂在矿热炉上生产的一种新品种，它既节约了硅铁等金属还原剂，又可望代替稀土镁做球化剂，并且在钢铁生产应用方面也将是大有前途的新品种。但炉底上涨不好控制，炉况不顺，炉役较短，工艺还不成熟，有待继续试验摸索。

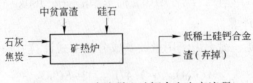

图 4-24　一步法稀土硅钙合金生产流程

4.18.7　稀土铁合金生产技术经济指标

稀土硅铁合金及稀土镁硅铁合金的主要生产技术指标见表 4-43。

表 4 – 43　稀土硅铁合金的主要技术经济指标

项　目		稀土硅铁合金指标（5t 电弧炉）	稀土镁硅铁合金指标（5t 电弧炉）
主要经济技术指标	冶炼电耗/kW·h·t^{-1}	4600 ~ 5000	5200
	年工作天数/d	280 ~ 300	280 ~ 300
	产品合格率（RE > 17%）/%	95	95
	元素回收率（RE）/%	60 ~ 70	60 ~ 80
	冶炼周期/min·炉$^{-1}$	240 ~ 245	200 ~ 245
	炉产量/t·炉$^{-1}$	1.0	1.0
主要原材料及辅助材料消耗	稀土富渣/kg·t^{-1}	4700 ~ 5000	5000
	金属镁/kg·t^{-1}		100
	硅铁（Si 75%）/kg·t^{-1}	800 ~ 1000	920
	石灰石/kg·t^{-1}	4900 ~ 5100	5200
	电极/kg·t^{-1}	45 ~ 50	50
	焦炭/kg·t^{-1}	750 ~ 800	780
	水/t·t^{-1}	500 ~ 550	639

【思考题】

1. 什么是硅铁，硅铁的用途是什么？

2. 硅铁牌号如何划分？

3. 硅铁冶炼的原料主要有哪几种，质量要求是什么？

4. 硅铁冶炼的原理是什么？

5. 简述硅铁冶炼的工艺流程。

6. 如何进行硅铁的节能生产？

7. 工业硅的牌号和化学成分是什么？

8. 工业硅的用途是什么？

9. 冶炼工业硅对原料有什么要求？

10. 实际生产中硅的还原主要包括哪些化学反应？

11. 工业硅生产节能的途径是什么？

12. 硅钙合金的用途？

13. 硅钙合金冶炼用原料的要求？

14. 简述硅钙合金的生产方法。

15. 锰铁的牌号和化学成分是什么，主要用途是什么？

16. 高碳锰铁的生产方法有几种，各有什么特点？

17. 电炉熔剂法生产高碳锰铁的原料主要有哪些，原料的质量要求是什么？

18. 冶炼高碳锰铁的基本原理是什么？

19. 高碳锰铁生产的节能措施有哪些？

20. 熔剂法生产高碳锰铁的炉渣碱度如何控制，其生产工艺有何特点？

21. 中低碳锰铁牌号及用途是什么？

22. 电硅热法生产中低碳锰铁的原料有哪些？

23. 电硅热法生产低碳锰铁冶炼原理是什么？

24. 简述中低碳锰铁的冶炼过程。

25. 硅锰合金的牌号及用途是什么?

26. 生产硅锰合金的原料有哪些?

27. 硅锰合金的冶炼原理是什么,主要包括哪些化学反应?

28. 硅锰合金生产中如何提高锰的回收率?

29. 硅锰合金生产节能措施有哪些?

30. 金属锰的牌号及用途是什么?

31. 金属锰的生产方法有哪几种?

32. 电硅热法冶炼金属锰的原料有哪些,原料的质量要求是什么?

33. 简述电硅热法生产金属锰的冶炼原理。

34. 简述电硅热法生产金属锰的冶炼工艺。

35. 铬在钢中的作用是什么?简述高碳铬铁牌号及其用途。

36. 冶炼高碳铬铁的原料有什么质量要求?

37. 冶炼高碳铬铁的工艺方法有哪些?

38. 矿热炉冶炼高碳铬铁的基本原理是什么?

39. 试述矿热炉熔剂法生产高碳铬铁的冶炼工艺过程。

40. 高碳铬铁生产过程节能降耗的措施有哪些?

41. 中低碳铬铁主要用途是什么,生产方法有哪些?

42. 吹氧法冶炼中低碳铬铁的主要原料有哪些,原料质量要求是什么?

43. 电硅热法冶炼中低碳铬铁如何控制炉渣碱度?

44. 吹氧法冶炼中低碳铬铁的原理是什么?

45. 吹氧法冶炼中低碳铬铁主要设备是什么,如何操作?

46. 微碳铬铁主要用途是什么,生产方法有哪些?

47. 不同方法冶炼微碳铬铁的主要原料有何区别?

48. 微碳铬铁的冶炼原理是什么?

49. 简述微碳铬铁的生产过程。

50. 低微碳铬铁生产过程节能降耗的措施有哪些?

51. 金属铬用途和常见制备方法有哪些?

52. 铝热法冶炼金属铬的原料有哪些,原料质量要求是什么?

53. 铝热法冶炼金属铬的主要化学反应是什么,反应中为什么需要加入硝石?

54. 简述铝热法冶炼金属铬的操作过程。

55. 硅铬合金冶炼原理是什么?

56. 生产硅铬合金的主要原料有哪几种?

57. 硅铬合金的生产方法有几种?

58. 无渣法生产硅铬合金怎样进行配料计算?

59. 无渣法冶炼硅铬合金如何操作?

60. 钼铁的牌号和用途有哪些?

61. 钼铁生产主要设备有哪些?

62. 钼铁冶炼原材料及其要求有哪些?

63. 钼矿在冶炼前为什么要进行焙烧,采用的设备有哪些?

64. 简述硅热法冶炼钼铁工艺。

65. 改善钼铁生产技术经济指标的措施有哪些?

66. 钒铁的牌号和用途有哪些?

67. 简述钒铁的冶炼原理。
68. 电硅热法生产钒铁的冶炼设备、原料、冶炼操作有何特点？
69. 铝热法生产钒铁的冶炼设备、原料、冶炼操作有何特点？
70. 铝热法生产钒铁为何要加入冷却剂？
71. 镍铁的牌号和用途有哪些？
72. 镍铁冶炼原材料及其要求有哪些？
73. 矿热炉生产镍铁的原理是什么？
74. 红土镍矿生产镍铁的工艺是什么？
75. 生产钛渣的主要原料有哪些？
76. 钛渣的主要用途是什么？
77. 钛渣冶炼的工艺原理是什么？
78. 简述钛渣生产工艺过程。
79. 简述钛铁的牌号和用途。
80. 简述钛铁的生产方法及原理。
81. 铝热法生产钛铁的原料及其要求有哪些？
82. 如何改善钛铁生产技术经济指标？
83. 试述铝热法冶炼钛铁的工艺操作。
84. 简述稀土铁合金的用途。
85. 简述稀土硅铁合金及稀土镁硅铁合金的生产方法。

5 环保及资源综合利用

【本章要点】
1. 铁合金生产过程中排放的废气、废水、废渣来源及成分;
2. 铁合金生产过程中排放的废气、废水、废渣治理措施;
3. 铁合金生产中固体废弃物及炉渣的综合利用。

铁合金生产过程中会产生大量废气、废水、粉尘及炉渣,直接排放不仅会造成环境污染,而且浪费资源,所以应进行污染物综合治理及废弃物资源化利用。

5.1 废气的治理及利用

铁合金企业产生的废气主要来源于矿热炉、焙烧回转窑、多层焙烧炉和金属热法熔炼炉等设备。

5.1.1 矿热炉烟气净化及利用

矿热炉是冶炼绝大部分铁合金产品的设备,其主要原料为矿石与还原剂。原料入炉后,在熔池高温下发生还原反应,生成含 CO、CH_4 和 H_2 等成分的高温含尘可燃炉气。炉气透过料层向外逸散于料层表面,当接触空气时 CO 燃烧形成高温高含尘的烟气。依产品不同,每吨成品铁合金的炉气产生量波动在 700 ~ 2000m^3(标态),炉气温度为 600℃左右。

5.1.1.1 全封闭矿热炉煤气净化

全封闭矿热炉主要用来冶炼不需进行炉口料面操作的铁合金品种,冶炼过程产生含 CO 70% 以上的炉气,经净化后可作为热源用于煤气发电或作烧结机、回转窑等的燃料使用。

全封闭矿热炉煤气净化流程有干法和湿法两种。有代表性的湿法净化工艺流程为"双塔一文"流程;"双文一塔"流程等,如图 5 - 1 和图 5 - 2 所示。有代表性的干法净化流程如图 5 - 3 和图 5 - 4 所示。干法流程二次污染减少,污水处理量降低。

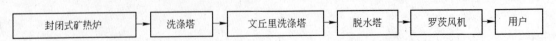

图 5 - 1　全封闭矿热炉"双塔一文"湿法净化流程

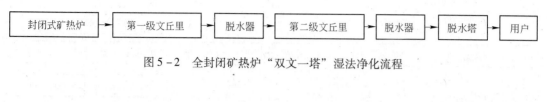

图 5-2 全封闭矿热炉"双文一塔"湿法净化流程

图 5-3 全封闭式矿热炉干法净化流程

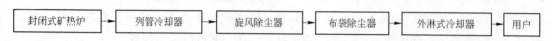

图 5-4 锰硅合金全封闭矿热炉干法净化流程

5.1.1.2 半封闭矿热炉烟气净化

半封闭矿热炉主要用于冶炼需要作炉口料面操作的铁合金品种,如 FeSi75 等。通过矮烟罩将炉气接入排气系统并调节侧门间隙大小,使炉气中可燃气体完全燃烧,产生的废气可通过设置余热锅炉吸收显热产生蒸汽或发电。对大型矿热炉,也有不进行热能回收的烟气净化系统,即将矿热炉烟罩出口烟气接入管式空冷器冷却后,使出口烟温降到 200℃左右,然后进入预除尘器,分离捕集火花和大颗粒尘,最后进入袋式除尘器高效净化经风机排入大气。对小容量半封闭矿热炉,可在烟罩操作门处混入大量冷空气,控制温度小于200℃,直接进入袋式除尘器,不再设冷却器。

5.1.2 焙烧炉(窑)产生的废气

钒铁、金属铬、镍铁生产过程中,钒渣和铬矿、镍矿的焙烧一般采用回转窑焙烧。钼铁生产过程中,钼精矿焙烧采用多层机械焙烧炉。

5.1.2.1 多层机械焙烧炉烟气净化

以钼精矿焙烧为例,其废气成分见表 5-1。由于钼矿中的钼金属为硫化物,焙烧过程产生 SO_2,并含有少量稀有金属铼,需要净化回收。因此,废气净化流程较复杂,典型的净化流程如图 5-5 所示。

表 5-1 钼精矿多层机械焙烧炉废气成分

废气成分(体积分数)/%					废气密度(标态)/g·m⁻³
SO_2	CO	CO_2	O_2	N_2	
约 1.2	1.7	6.59	13.06	77.45	约 1.3

钼精矿焙烧的废气中有 5% 左右的原精矿粉被带出。一级净化设备采用干式电除尘器。二级为湿法净化设施,废气中的 SO_2 经淋洗后生成 H_2SO_4,它和挥发的铼的生成物 RE_2O_7 反应生成铼酸液,由湿式电捕器和复挡器反复吸收富集,再送到制铼工段予以回收。

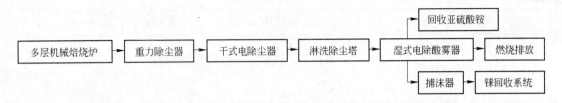

图 5 - 5 　钼精矿焙烧炉废气净化工艺

5.1.2.2 　回转窑废气净化

以钒铁生产为例，钒渣或钒精矿是生产钒铁的主要原料。钒渣焙烧回转窑的废气含有 Cl_2、SO_2 和 SO_3 等有害气体（表 5 - 2），并含钒渣、钒精矿粉等有经济回收价值的物料，因此，在选择废气净化设施时，必须以净化有害气体与回收钒尘为原则。

表 5 - 2 　钒渣焙烧回转窑废气成分 　　　　　　　　　　（%）

Cl_2	CO_2	O_2	CO	N_2
0.2	3.4	14.4	1.8	80.2
0.8	2.8	15.2	0.5	80.7
0.6	3.0	15.2	2.8	78.4
0.4	5.6	15.6	4.2	74.2

废气治理流程一般有以下两种，如图 5 - 6 和图 5 - 7 所示。

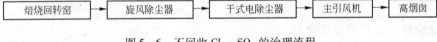

图 5 - 6 　不回收 Cl_2、SO_2 的治理流程

图 5 - 7 　回收 Cl_2、SO_2 的治理流程

5.1.3 　金属热法熔炼炉产生的废气

金属热法是冶炼钼铁、金属铬等常用的一种快速熔炼法。使用的熔炼炉为一带黏土砖衬的直形炉筒，熔炼炉安放在砂基上。废气来源于熔炼炉瞬时剧烈高温还原反应喷发出的高温烟气。废气中含精矿粉及氧化金属烟尘。废气由熔炼炉上部的烟罩收集。进入烟罩后废气温度约 200 ~ 350℃，气体含尘量（标态）为 28 ~ 30g/m³。每吨炉料产生废气量（标态）为 3000 ~ 4000m³/h。

5.1.3.1 　钼铁熔炼炉废气净化

熔炼钼铁的废气成分及烟尘成分列入表 5 - 3 和表 5 - 4。钼铁熔炼炉废气净化系统工艺流程如图 5 - 8 所示。

表 5 - 3 钼铁熔炼炉废气成分

废气温度	废气成分（体积分数）/%			
混合空气后罩内温度约130℃	CO_2	CO	O_2	N_2
	0.43	5	14.3	80.25

表 5 - 4 熔炼钼铁烟尘成分

取样点	烟尘成分/%					
	Mo	SiO_2	FeO	Al_2O_3	MgO	CaO
带式除尘器灰斗	22.9	13.40	6.94	12.11	0.87	微量
	13.47	13.44	8.87	13.93	0.81	微量
	23.60	14.68	8.62	14.86	0.94	0.54

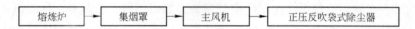

图 5 - 8 钼铁熔炼炉废气净化系统工艺流程

5.1.3.2 金属铬熔炼炉废气净化

金属铬熔炼炉废气治理着重于净化回收 Cr_2O_3 干尘和 $Na_2Cr_2O_4$ 溶液，所以采用干湿结合的流程。系统工艺流程如图 5 - 9 所示，一级净化设备采用高效旋风除尘器组，以收集粗颗粒 Cr_2O_3 干尘，废气夹带细颗粒烟尘，再经淋洗除尘器净化，淋洗液反复淋洗循环使用，富集 $Na_2Cr_2O_4$，符合要求后进行综合利用。废气中主要成分为 NO_x、N_2 和 O_2，烟尘成分为 Cr_2O_3、Na_2NO_3、Al 等。

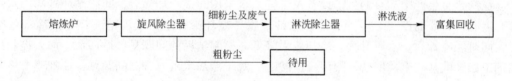

图 5 - 9 金属铬熔炼炉废气净化工艺流程

5.1.4 烟尘的综合利用

干法除尘（如布袋除尘、电除尘）收集的粉末及湿法除尘产生的污泥，都可以以不同的形式加以利用，如将烟尘和粉矿、焦粉混合造块作为冶炼原料，或作为混凝土、水泥等的原料。在冶炼硅铁、锰铁、铬铁等时，烟气净化后获得的粉尘主要含有 SiO_2、MnO 和 Cr_2O_3 等氧化物，可以作为冶炼原料使用。

5.2 废水的治理

铁合金企业生产产生的废水主要有冷却水、煤气洗涤废水、冲渣废水、含铬废水等。对生产中的废水治理，总的原则要实行水的封闭循环利用，尽量减少排污量。对废水的治理，应根据废水的数量和废水中有毒有害物质的性质，采取相应的治理方法，如中和法、氧化法、还原法、吸附法、沉淀法、过滤法及生物法等。生产中的废水经处理后可以再被利用。

5.2.1　全封闭矿热炉煤气洗涤废水排放及治理

全封闭矿热炉煤气采用湿法洗涤流程时，废水来自洗涤塔、文氏管、旋流脱水器等设备。

每 $1000m^3$ 煤气废水排放量（标态）一般为 15 ～ 25m^3。废水悬浮物含量 1960 ～ 5465mg/L，色度黑灰色。酚含量 0.1 ～ 0.2mg/L，氰化物含量 1.29 ～ 5.96mg/L。对于煤气洗涤水，一是要治理水中的悬浮物；二是要治理水中的氰化物。悬浮物的治理目前主要有沉淀法和过滤法。氰化物的处理方法有多种，如投加漂白粉、液氯、次氯酸钠等氧化剂处理；加硫酸亚铁生成铁青色的络合物沉淀；利用微生物分解等。

目前，对废水处理一般都采用闭路循环系统，如澄清池、冷却塔、凝缩机、旋转真空过滤器、洗涤药物投放和泥浆储放坑等。净化后的污水可以重新循环使用，同时还可以回收沉淀物中的有用物质。

5.2.2　冲渣废水排放及治理

矿热炉冶炼过程中排出的液态熔渣量随炉容量大小、冶炼品种不同而变化。放出的液态熔渣流入渣罐，再从渣罐下部卸渣管流入冲渣沟，同时用高压水对熔渣喷冲水淬，水与渣均流入沉渣池，经自然沉淀分离后，水渣可供水泥厂作添加料，冲渣水循环使用。

5.2.3　冷却水的循环利用

在铁合金生产中，有的生产设备及工艺要求采用间接冷却降温，间接循环冷却用水没有有毒有害物质的产生。但随着冷却水的蒸发，循环冷却水的硬度增高，导致冷却壁结垢，同时经冷却后，水温升高，冷却效果降低。控制结垢的问题是在循环水中加入控制结垢剂，如磷酸盐、聚磷酸盐、聚丙烯酰胺等。对于冷却水水温升高问题，一般都要考虑蒸发降温，如建喷水冷却池、冷却塔等。对于水资源缺乏且水质硬度高的企业，可全部使用软水冷却，实现闭路循环。

5.2.4　含铬废水的治理

某些产品如电解金属锰生产中，会有六价铬废水的产生，该类废水属于有毒废水，需要综合治理达标排放。含铬废水处理的主要方法是，用硫代硫酸钠，在酸性条件下，把六价铬还原成三价铬，然后再用氢氧化钠中和，使三价铬生成氢氧化物沉淀，过滤回收铬渣。

5.3　固废处理及炉渣的综合利用

铁合金冶炼大部分采用矿热炉冶炼，少数用高炉、转炉或炉外法熔炼。

铁合金生产分为有渣法和无渣法，无渣法包括硅铁、工业硅、硅铬合金等，其生产工艺由于原料中含有杂质及冶炼不充分产生一定数量的废渣，每生产1t硅铁合金产生约50kg的废渣。有渣法包括锰硅合金、高碳锰铁、高碳铬铁等，其生产工艺产生大量废渣，如硅锰合金，每生产1t合金会产生1.1~1.35t废渣。

铁合金渣的物质组成，随铁合金产品品种和生产工艺而有区别，我国铁合金渣的主要成分见表5-5。

表5-5 我国铁合金渣的主要成分

炉渣成分	化学成分/%							
	MnO	SiO₂	Cr₂O₃	CaO	MgO	Al₂O₃	FeO	V₂O₅
高炉锰铁渣	5~10	25~30		33~37	2~7	1.9~14	1~2	
碳素锰铁渣	8~15	25~30		30~42	4~6	1.0~7	0.4~1.2	
锰硅合金渣	5~10	35~40		20~25	1.5~6	2.0~10	0.2~2.0	
碳素铬铁渣		27~30	2.4~3	2.5~3.5	26~46	1.8~16	0.5~1.2	
硅铁渣		30~35		11~16	1	13~30	3~7	
钼铁渣		48~60		6~7	2~4	10~13	13~15	
钒铁冶炼渣	0.2~0.5	25~28		约55	约10	8~10		0.35~5
钛铁渣		≤1		9.5~10	0.2~0.5	73~75	≤1	

采用湿法冶金生产的产品经湿法浸出渣，如金属铬产生铬浸出渣，V₂O₅产生钒浸出渣。

此外，从火法冶炼过程发生的烟气中净化回收的烟尘也属于固体废物。

铁合金渣如不进行处理，将不仅占用土地，而且污染大气、地下水和土壤，因此，合理利用和处理这些废渣即可保护环境，也可回收一定的有用矿物。

铁合金炉渣根据渣种的不同，一般先行治理或在炉前进行处理，处理后的炉渣再充分利用。

对于高炉锰铁渣、锰硅合金渣、高碳锰铁渣等一般都要进行水淬，水淬包括炉前水淬法和倒灌水淬法两种。炉前水淬法是采用压力水嘴喷出的高速水束将熔流冲碎，冷却成粒状。倒罐水淬法使用渣罐将熔渣运至水池旁，缓慢倒入中间包，经压力水将熔渣冲碎，冷却成粒状。

硅铁渣、中碳锰铁渣、硅铬合金渣、钼铁渣、钨铁渣等，因渣中残留金属较多，可返回冶炼或分选，因而一般采用自然冷却成干渣后利用。

有些炉渣，还需要加入一些稳定剂防止自然粉化。

处理后的炉渣一般有以下几种用途：

（1）在本厂返回使用。硅铁渣和无渣法冶炼的硅铬合金渣，含有大量的金属和碳化硅，在锰硅合金或高碳铬铁矿热炉上，可返回使用；矿热炉高碳锰铁渣可冶炼锰硅合金；锰硅合金渣、金属锰渣可以生产复合铁合金。

（2）做铸石。利用锰硅合金渣和钼铁渣做铸石，其成本比传统的天然原料铸石低，且耐火度高，耐磨性大，抗腐蚀性好，机械强度高。如某厂生产钼铁渣铸石的工艺为：将含SiO₂ 55%~65%、CaO 3%~6%、Al₂O₃ 13%~19%、MgO 1%~3%、FeO+Fe₂O₃ 11%~14%的钼铁渣（在热液态1873~1973K）装入包内，并在小电炉中熔化精炼铬渣和少量铬矿，熔化后进行初混，并倒入保温炉中，在1773K下保温储存，再倒入用煤气加热的小包，浇注到耐热铸铁的模子中，由链板机运入隧道窑热处理。

（3）做建筑材料。锰系铁合金炉渣水淬后可作为水泥的掺合料；高碳铬铁及锰硅合金生产的干渣可做铺路用的材料，用于制作渣棉原料，制成膨胀珠作轻质混凝土骨料以及作特殊用途的水磨石砖等。

（4）做肥料。铁合金炉渣中含锰、硅、钙、铜、铁等微量元素，可补充农作物营养元素，提高土壤生物活性，有利于农作物生长。利用锰硅合金渣做稻田肥料，证明锰硅合金渣中有一定可溶性硅、锰、镁、钙等植物生长的营养元素，对水稻生长有良好的作用。电解锰浸出渣中含有相当数量的硫酸铵，而且颗粒细、脱水困难，目前都以泥浆状运往农村作肥料使用。

铁合金渣的综合利用情况见表5-6。

表5-6　铁合金渣的综合利用情况

用　途	高炉锰铁渣	高碳锰铁渣	锰硅合金渣	中低碳锰铁渣	精炼铬铁渣（电硅热法）	精炼铬铁渣（转炉法）	硅铁渣	钼铁渣	钒铁冶炼渣	金属铬冶炼渣
厂内返回使用		△		△		△	△		△	
水泥掺合料	△	△	△		△					
制砖	△		△							△
铸石			△		△			△		
肥料			△							
耐火混凝土骨料										△
其他	△		△	△		△	△		△	△

注：△表示此渣有此用途。

【思考题】

1. 简述铁合金"三废"治理的意义？
2. 铁合金生产产生的废气如何处理和利用？
3. 怎样处理净化系统的污水？
4. 简述铁合金废渣的处理利用方法。

附　录

附表 1　矿热炉系列主要参数

冶炼品种	矿热炉容量 /kV·A	电极直径 /mm	电极电流密度 /A·cm⁻²	极心圆直径 /mm	炉膛直径 /mm	炉膛深度 /mm	炉壳直径 /mm	炉壳高度 /mm	炉膛面积功率 /kW·m⁻²	电流电压比 /A·kV⁻¹	功率因数 cosφ	电极升降工作行程 /mm	冶炼电耗 /kW·h	产量 /t·d⁻¹
锰铁	6000	790	6.05	2100	5200	2100	6800	4100	234	280	0.91	1200	3400	36
	9000	940	6.02	2500	5400	2400	7000	4300	251	283	0.89	1000	3200	57
	12500	1060	6.00	2800	6000	2400	8000	4600	254	360	0.87	1200	3200	75
	16500	1180	5.60	3400	6600	2070	8400	4600	257	370	0.855	1200	3200	94
	20000	1220	5.78	3200	7100	2700	8800	5650	260	400	0.82	1200	3200	113
	25000	1290	5.19	3300	7600	2800	9800	4800	263	420	0.81	1000	3200	133
	30000	1290	5.16	3600	7800	3150	9900	5200	266	440	0.80	1200	3200	160
	35000	1390	5.50	3700	7900	3250	9900	5200	267	435	0.79	1200	3200	180
	40000	1460	5.62	3900	8200	3350	10000	5700	268	432	0.78	1200	3200	200
	45000	1490	5.71	4000	8200	3400	10100	5100	269	483	0.77	1200	3200	206
	50000	1990	5.45	3800	8500	3500	10200	5550	270	465	0.76	1200	3200	212
	55000	1580	5.32	3900	8600	3620	10300	5650	271	468	0.75	1200	3200	222
	60000	1680	5.70	4400	8700	3750	10300	5700	272	471	0.74	1200	3200	232
	65000	1680	6.15	4500	9900	3850	11500	5800	273	476	0.73	1200	3200	242
	70000	1720	5.88	4600	10050	3950	10650	5900	274	486	0.72	1200	3200	252
	75000	1780	6.00	4700	10150	4050	12200	5850	257	496	0.71	1200	3200	262
硅锰合金	6000	785	6.07	2000	5100	2000	6700	4100	253	266	0.90	1200	4500	27
	9000	920	6.12	2400	5300	2300	6900	4200	274	282	0.89	1200	4500	41
	12500	1040	5.90	2600	5900	2300	7800	4500	255	350	0.87	1200	4500	55
	16500	1120	5.83	3100	6500	2580	8300	4500	258	360	0.850	1200	4500	69
	20000	1210	5.80	3100	7000	2600	8600	5600	261	390	0.83	1200	4500	84
	25000	1270	5.25	3200	7500	2700	9600	4700	264	413	0.82	1200	4500	100

续附表 1

冶炼品种	矿热炉容量 /kV·A	电极直径 /mm	电极电流密度 /A·cm⁻²	极心圆直径 /mm	炉膛直径 /mm	炉膛深度 /mm	炉壳直径 /mm	炉壳高度 /mm	炉膛面积功率 /kW·m⁻²	电流电压比 /A·kV⁻¹	功率因数 cosφ	电极升降工作行程 /mm	冶炼电耗 /kW·h	产量 /t·d⁻¹
硅锰合金	30000	1270	5.20	3500	7700	3050	9700	5100	267	427	0.81	1200	4500	133
	35000	1370	5.55	3700	7800	3250	9800	5600	268	431	0.80	1200	4500	153
	40000	1420	5.64	3800	8100	3250	9900	5600	269	417	0.60	1200	4500	173
	45000	1470	5.73	3900	8100	3350	10000	5100	270	458	0.78	1200	4500	159
	50000	1570	5.55	3700	8400	3400	10100	5450	271	460	0.77	1200	4500	169
	55000	1570	5.46	3800	8500	3520	10200	5550	272	463	0.76	1200	4500	179
	60000	1670	5.80	4300	8600	3650	10200	5600	273	469	0.75	1200	4500	179
	65000	1670	6.25	4400	9800	3750	11400	5900	274	474	0.74	1200	4500	186
	70000	1710	5.76	4500	9950	3850	11500	5800	275	484	0.73	1200	4500	199
	75000	1770	6.10	4600	10050	3930	12100	5750	276	494	0.72	1200	4500	209
FeSi75	6000	780	6.15	1900	5000	1900	6600	4000	304	249	0.90	1200	8800	15
	9000	900	6.10	2300	5400	2100	7000	4200	287	282	0.88	1200	8700	22
	12500	1030	6.15	2500	5800	2300	7600	4400	256	330	0.87	1200	8700	30
	16500	1110	5.94	2700	6400	2480	8200	4500	258	350	0.848	1200	8700	38
	20000	1200	5.82	3000	6900	2500	8400	4600	262	370	0.84	1200	8700	46
	25000	1250	6.10	3100	7400	2650	8800	4700	264	390	0.83	1200	8700	55
	30000	1300	5.73	3300	7600	2850	9000	4900	267	408	0.82	1200	8700	62
	35000	1350	5.93	3600	7700	2900	9600	5000	268	416	0.81	1200	8700	65
	40000	1400	5.96	3700	8000	3150	9800	5100	269	426	0.70	1200	8700	70
	45000	1450	5.75	3800	8500	3250	9600	5200	270	431	0.79	1200	8700	75
	50000	1500	5.85	3900	8900	3300	9800	5300	272	456	0.78	1200	8700	80
	55000	1550	5.95	4000	8400	3420	10100	5400	272	459	0.77	1200	8700	85

续附表 1

冶炼品种	矿热炉容量 /kV·A	电极直径 /mm	电极电流密度 /A·cm⁻²	极心圆直径 /mm	炉膛直径 /mm	炉膛深度 /mm	炉壳直径 /mm	炉壳高度 /mm	炉膛面积功率 /kW·m⁻²	电流电压比 /A·kV⁻¹	功率因数 cosφ	电极升降工作行程 /mm	冶炼电耗 /kW·h	产量 /t·d⁻¹
FeSi75	60000	1600	5.90	4200	8500	3550	10100	5500	274	462	0.76	1200	8700	88
	65000	1650	5.95	4300	9700	3650	11300	5600	275	472	0.71	1200	8700	90
	70000	1700	5.98	4400	9850	3750	11400	5700	275	482	0.74	1200	8700	95
	75000	1750	6.20	4500	9950	3850	12000	5800	276	492	0.73	1200	8700	100
硅铬合金	6000	760	6.72	1900	4700	1900	6300	4000	308	241	0.89	1200	5200	24
	9000	880	6.25	2200	5100	2000	6700	4100	292	282	0.88	1200	5100	46
	12500	1000	6.20	2500	5800	2200	7600	4300	257	320	0.87	1200	5100	54
	16500	1120	6.16	2700	6400	2380	8100	4350	259	320	0.835	1200	5100	62
	20000	1150	6.25	3100	6600	2400	8900	4500	263	364	0.84	1200	5100	68
	25000	1150	6.33	3000	6000	2550	9400	4700	265	379	0.83	1200	5100	96
	30000	1250	6.09	3300	7600	2850	9750	4900	268	390	0.83	1200	5100	112
	35000	1300	6.09	3600	8300	2900	9600	5300	268	494	0.81	1200	5100	122
	40000	1350	6.15	3600	8500	3100	9800	5400	269	400	0.73	1200	5100	115
	45000	1500	6.00	3700	7600	3200	9600	5200	272	433	0.79	1200	5100	142
	50000	1450	5.95	3550	8300	3250	9700	5300	272	443	0.78	1200	5100	152
	55000	1500	5.95	3600	8400	3400	10100	5400	273	448	0.77	1200	5100	162
	60000	1550	5.95	4150	8500	3550	10100	5500	275	460	0.76	1200	5100	172
	65000	1600	6.10	4250	9700	3600	11300	5500	276	470	0.75	1200	5100	182
	70000	1650	6.10	4350	9800	3700	11400	5500	276	480	0.74	1200	5100	192
	75000	1700	6.30	4450	9900	3800	12000	5600	278	490	0.73	1200	5100	202
铬铁	6000	760	6.48	1900	4900	1900	6300	4000	298	218	0.89	1200	7500	37
	9000	880	6.05	2200	5100	2000	6700	4100	267	282	0.88	1200	3400	65

续附表 1

冶炼品种	矿热炉容量 /kV·A	电极直径 /mm	电极电流密度 /A·cm⁻²	极心圆直径 /mm	炉膛直径 /mm	炉膛深度 /mm	炉壳直径 /mm	炉壳高度 /mm	炉膛面积功率 /kW·m⁻²	电流电压比 /A·kV⁻¹	功率因数 cosφ	电极升降工作行程 /mm	冶炼电耗 /kW·h/t	产量 /t·d⁻¹
铬铁	12500	1000	6.20	2500	5800	2300	7600	4300	258	310	0.89	1200	3400	78
	16500	1100	6.16	2700	6200	2350	8100	4350	259	320	0.835	1200	3400	99
	20000	1150	6.25	3200	6900	2350	9200	4700	264	330	0.85	1200	3400	120
	25000	1150	6.33	3000	6100	2650	9400	4550	265	379	0.84	1200	3400	130
	30000	1250	6.03	3300	7900	2850	9750	4900	268	390	0.82	1200	3400	135
	35000	1300	6.03	3600	8300	2900	9600	5300	268	494	0.82	1300	3400	45
	40000	1350	6.15	3600	8500	3100	9800	5400	269	372	0.73	1200	3400	122
	45000	1500	6.00	3700	8500	3200	9600	5200	272	433	0.80	1200	3400	165
	50000	1450	5.95	3550	8300	3250	9700	5300	272	443	0.79	1200	3400	175
	55000	1500	5.95	3600	8400	3400	10100	5400	273	448	0.78	1200	3400	185
	60000	1550	5.95	4000	8500	3550	10100	5600	275	460	0.77	1200	3400	195
	65000	1600	6.10	4250	9700	3600	11300	5500	276	470	0.74	1200	3400	205
	70000	1650	6.10	4350	9800	3700	11400	5500	276	480	0.75	1200	3400	215
	75000	1700	6.30	4450	9900	3800	12000	5600	278	490	0.74	1200	3400	225
工业硅	6000	700	7.00	2000	4800	2000	6400	4000	269	249	0.90	1200	12500	22
	9000	800	6.80	2100	5100	2200	6800	4300	268	283	0.89	1200	12500	26
	12500	960	6.90	2400	5800	2300	7600	4400	259	320	0.88	1300	12000	28
	16500	1100	6.16	2700	6200	2350	8000	4400	259	320	0.835	1300	12000	34
	20000	1100	7.00	3000	6900	2700	8100	4760	263	400	0.84	1300	12000	42
	25000	1100	6.50	3000	7200	2690	8900	4550	265	413	0.83	1300	12500	50
	30000	1200	6.50	3300	7900	2700	9100	4900	268	390	0.82	1300	12000	56
	35000	1200	6.90	3500	8300	2900	9500	5400	268	416	0.81	1200	12000	62

续附表 1

冶炼品种	矿热炉容量 /kV·A	电极直径 /mm	电极电流密度 /A·cm⁻²	极心圆直径 /mm	炉膛直径 /mm	炉膛深度 /mm	炉壳直径 /mm	炉壳高度 /mm	炉膛面积功率 /kW·m⁻²	电流电压比 /A·kV⁻¹	功率因数 cosφ	电极升降工作行程 /mm	冶炼电耗 /kW·h	产量 /t·d⁻¹
工业硅	40000	1350	6.65	3550	8450	3200	9810	5500	268	439	0.70	1300	12000	68
	45000	1500	6.10	3750	8600	3220	9600	5300	271	456	0.79	1300	12000	74
	50000	1450	6.20	3500	8300	3250	9700	5300	272	443	0.78	1300	12000	78
	55000	1500	5.95	3550	8400	3500	10100	3500	273	450	0.77	1300	12000	82
	60000	1500	5.95	4000	8400	3600	10100	5600	275	460	0.76	1300	12000	86
	65000	1600	6.10	4200	9700	3600	11300	6010	276	490	0.75	1300	12000	90
	70000	1600	6.21	4350	9800	3700	11400	5600	276	480	0.74	1300	12000	94
	75000	1700	6.40	4450	9900	3900	12000	5600	278	495	0.73	1300	12000	98
电石	6000	700	8.35	1790	4100	1520	5600	4000	269	283	0.91	1200	3400	50
	9000	810	8.00	2310	5020	1800	6520	4100	269	287	0.87	1200	3450	70
	12500	950	7.80	2430	5570	2070	7070	4370	260	353	0.89	1200	3300	90
	16500	1100	7.60	2800	6180	2350	7680	4600	259	332	0.87	1200	3250	120
	20000	1050	7.60	3100	6600	2460	8100	4760	262	391	0.86	1200	3100	140
	25000	1100	7.20	3200	6100	2650	8400	4990	264	400	0.85	1200	3150	160
	30000	1250	7.00	3380	7600	2600	9190	4900	268	420	0.83	1200	3150	180
	35000	1300	7.00	3510	8000	2900	9500	5290	267	433	0.82	1200	3100	200
	40000	1350	7.00	3640	8310	3110	9810	5410	268	439	0.75	1200	3100	220
	45000	1400	7.00	3740	8410	3210	9700	5200	272	—	0.80	1200	3100	240
	50000	1450	6.10	3850	8300	3310	9800	5300	272	458	0.79	1200	3100	260
	55000	1500	6.15	3950	8400	3410	10200	3410	273	459	0.78	1200	3100	280
	60000	1550	6.15	4050	8400	3510	10100	5910	275	468	0.77	1200	3100	300
	65000	1650	6.25	4150	8600	3610	11200	6010	275	323	0.70	1200	3450	320
	70000	1750	6.80	4250	9210	3710	11400	5800	276	500	0.75	1200	3100	340
	75000	1800	7.20	4350	9210	3810	12000	5900	277	460	0.74	1200	3100	360

附表2　铁合金常用原材料及辅助材料的主要成分、块度及堆密度

名　称	主要成分含量/%	块度/mm	堆密度/t·m^{-3}
硅石	$SiO_2 > 97$	<300	1.6~1.7
		60~120	1.5~1.6
		20~60	1.3~1.4
		<5	1.25
铬矿	Cr_2O_3 38~48	<300	2.5
		<75	2.2~2.4
		<3	2.2~2.3
铬精矿	Cr_2O_3 45~55	<1	2.3~2.45
		<0.083 的占80%以上	2.0~2.2
锰矿	Mn>35	<80	1.8~2.1
	Mn 30~35	<100	1.5~1.7
	Mn<30	<300	1.3~1.5
锰烧结矿	Mn 30~40	<100	1.5~1.8
富锰渣	Mn 42	0~80	1.7~2.0
钼精矿	Mo 45~47	<1	1.4~1.5
熟钼精矿（焙砂）	Mo 47~49	<1	1.6~1.7
钒精矿	V_2O_5 0.72 不含水	<0.083 的占60%以上	1.48
	V_2O_5 0.72 含水 1.5	<0.083 的占60%以上	1.62
钒渣	V_2O_5 14.6 有金属夹杂	未经破碎	1.35~1.65
	V_2O_5 10 未经磁选	0.125~0.096	1.65
	V_2O_5 10 磁选后	0.177~0.125	1.6~1.65
		<0.096	1.52
钛精矿	TiO_2 45~50，焙烧前		2.5~2.7
	TiO_2 47，焙烧后		2.3
铝粒	Al>98	未筛分	1.0~1.2
		<1	1.15~1.2
硅铁粉	FeSi 75	<1	1.0~1.9
焦炭	固定碳大于80	<40	0.45~0.55
		5~25	0.5~0.6
		<5	0.6~0.7
沥青焦	固定碳大于98	块	0.47
		粉	0.66
石油焦	固定碳84		0.85~0.9
木炭	固定碳大于70		0.2~0.4
烟煤		块	0.8~1.0
		粉	0.4~0.7

名　称	主要成分含量/%	块度/mm	堆密度/t·m^{-3}
无烟煤		块及粉	0.75 ~ 0.9
		粉	0.84 ~ 0.89
钢屑		卷曲，破碎前	1.0
		< 100	1.8 ~ 2.2
铁鳞（轧钢铁皮）			2.0 ~ 2.5
石灰	CaO > 85	10 ~ 150	0.9 ~ 1.0
		< 1	0.8 ~ 1.0
石灰石	CaCO$_3$ > 90	< 300	1.5 ~ 1.75
		10 ~ 40	1.2 ~ 1.5
		< 0.125 的占 75% 以上	1.43
白云石	MgCO$_3$ > 40 CaCO$_3$ > 50	< 300	1.5 ~ 1.75
		< 40	1.8 ~ 1.9
		< 0.125 的占 75% 以上	1.52
萤石	CaF$_2$ > 85	块	1.8
		粉	1.65
硝石	Na$_2$NO$_3$ > 98，干		1.02
	Na$_2$NO$_3$ > 98，干燥前	洗水后部分结成块	1.5
电极糊		100 ~ 200	0.7 ~ 1.0
粗砂	干		1.4 ~ 1.9
细砂	干		1.4 ~ 1.65
	湿		1.8 ~ 2.1
黏土	干	块状	1.0 ~ 1.5
	湿		1.7

附表 3　常用铁合金主要成分、熔点、密度、块度及堆密度

名　称	主要成分 /%	熔点 /℃	密度/t·m^{-3}		块度/mm	堆密度/t·m^{-3}
			液体	固体		
45% 硅铁	Si 40 ~ 47	1290		5.15	100 ~ 300	2.2 ~ 2.9
75% 硅铁	Si 72 ~ 80	1300 ~ 1330	2.8	3.5	100 ~ 300	1.4 ~ 1.6
					< 1	1.6 ~ 1.9
					粒化含水 5%	1.45 ~ 1.5
锰硅合金	Mn > 65，Si > 17	1240 ~ 1300	5.5	6.3	40 ~ 70	3.0 ~ 3.5
高碳锰铁	Mn 76	1250 ~ 1300	6.8	7.1	5 ~ 200	3.5 ~ 3.7
中低碳锰铁	Mn 75 ~ 80	1310	6.5	7.0	20 ~ 250	3.5
金属锰	Mn > 93	1240 ~ 1260		7.3	5 ~ 250	3.5

续附表3

名　称	主要成分/%	熔点/℃	密度/t·m⁻³ 液体	密度/t·m⁻³ 固体	块度/mm	堆密度/t·m⁻³
硅铬合金	Si 40~50				100~200	2.5
					<30	3.0
					细粒	1.9~1.95
硅铬合金	Si 30				<30	3.3
					细粒	2.3~2.8
中碳铬铁	Cr>60	1600~1640		7.28	100~300	4.0
低碳铬铁	Cr>60			7.29	破碎成块状	3.0~3.1
微碳铬铁	Cr>65			7.27	50~200	2.7~3.1
真空微碳铬铁	Cr>65			5.0	砖块状	
金属铬	Cr 98	1850~1880		7.19	10~250	3.3
钼铁	Mo>55	1750		9.0	<200	4.7
钒铁	V>40	1480		7.0	<200	3.3~3.9
钛铁	Ti>25	1450~1580		6.0	<200	2.7~3.5
工业硅	Si 98			2.4		
硅钙合金	Si59Ca31	100~1245		2.55	<250	1.5~1.7
硅铝合金	Si55Al35			3.0		

附表4　铁合金炉渣化学成分、密度与堆密度

铁合金炉渣化学成分及渣铁比

炉渣名称	化学成分/% MnO	SiO₂	Cr₂O₃	CaO	MgO	Al₂O₃	FeO	其他	渣铁比/%
硅铁渣		30~35		11~16	1	13~20	3~7	Si 7~10, SiC 20~26	3~5
高碳锰铁渣	8~15	25~30		30~42	4~6	7~10	0.4~1.2		1.6~2.5
锰硅合金渣	5~10	35~40		20~25	1.5~6	10~20	0.2~2		1.2~1.8
电硅热法中低碳锰铁渣	15~20	25~30		30~36	1.7~7	约1.5	0.4~2.5		1.7~3.5
金属锰渣	8~12	22~25		46~50	1~3	6~9			3.0~3.5
高碳铬铁渣		27~30	2.4~3	2.5~3.5	26~46	16~18	0.5~1.2		1~1.5
炉料级铬铁渣		24~28	5~8	2~4	23~29	25~28			1.3~1.6
硅铬合金渣（无渣法）		约49	1.5~2.0	约24	0.5~1.0	约23	2~2.5	SiC13~15	0.6~0.8
中低微碳铬铁渣（电硅热法）		24~27	3~8	49~53	8~13				3.4~3.8
金属铬冶炼渣	Na₂O 3~4	1.5~2.5	11~14	约1	1.5~2.5	72~78			
钼铁渣		48~60		6~7	2~4	10~13	13~15		1.2
钒铁冶炼渣		25~28		约55	约10	8~10		V₂O₅ 0.35~0.5	
钛铁渣	0.2~0.5	约1		9.5~10.5	0.2~0.5	73~75	约1	TiO₂13~15	约1.25

铁合金炉渣密度、堆密度

名　称	密度/t·m⁻³ 液体	密度/t·m⁻³ 固体	堆密度/t·m⁻³	备　注
75% 硅铁渣			0.65~0.7	块度 20~300mm，无金属粒
锰硅合金渣		3.2	1.4~1.6	块度 20~300mm，有金属粒
锰硅合金渣	2.9		1.8	
锰硅合金渣（水渣）			0.8~1.1	经水淬
高碳锰铁渣	3.2		1.6~1.8	
富锰渣			1.7~2.0	含 Mn38%~39%，块度小于80mm
中碳锰铁渣	2.2		1.5	含 Mn<25%，块度 20~200mm
金属锰渣	3.4		1.4	块度 40~300mm
高碳铬铁渣			1.4~1.8	
中碳铬铁渣	3.2			
低微碳铬铁渣			1.2	电硅热法生产
微碳铬铁渣			1.56	金属热法产品，块度 0.25~10kg
金属铬冶炼渣			1.5	块重小于10kg
钼铁渣			1.4~1.5	块度小于300mm
钒铁渣（贫渣）		3.05		粉化前 300℃
			0.93	粉化后
钛铁渣		4.5	1.54~1.65	块重小于15kg

附表5　铁合金矿热炉烟气、煤气成分及物理参数

矿热炉烟气量及烟气成分理论计算值

冶炼品种	烟气量理论计算值（标态）/m³·t⁻¹	烟气成分（理论体积分数）/% CO	CO₂	CH₄	H₂
45% 硅铁	1100	92	3	0.6	4.4
75% 硅铁	1900	91.7	3	0.6	4.7
高碳锰铁	990	72	16	6.5	5.5
高碳铬铁	780	77	8	0.6	14.4
锰硅合金	1200	73	15	3	9
镍铁	1000	73	3	5	6
电石	600	80	3	4.5	4

矿热炉生产实际烟（煤）气成分

炉型	冶炼产品	烟气量（标态）/m³·t⁻¹	烟气含尘量（标态）/g·m⁻³	烟（煤）气成分（体积分数）/%						
				CO_2	H_2	H_2O	N_2	CO	CH_4	O
半封闭炉	75%硅铁	49500	4~5	约3		1~2	75~78			5~18
	高碳铬铁	28000	3~4	约3		1~2	75~77			约18
	高碳锰铁	26000	3~4	约3		1~2	75~78			17~18
	锰硅合金	27000	3~5	约3			约2	约77		约18
	硅钙合金	23300	5~8	6~7		2~3	约79			约14
	镍铁	18000	3~4	3		2	76			5~17
全封闭炉	锰硅合金			6~10	4~6	5~8	5~7	70~75	0.5~1	0.5~1
	高碳铬铁			4~7	6~10		5~7	65~75	0.5~1	0.5~1

矿热炉生产实际烟尘成分及粒度

炉型	冶炼产品	烟（煤）气成分（体积分数）/%							烟尘粒度/%			
		SiO_2	FeO	MgO	Al_2O_3	CaO	C	Mn	<1μm	1~10μm	10~40μm	其余
半封闭炉	75%硅铁	约90	约3	约1	0.2~1.5	0.4~1	3~4		>88	5	7	
	高碳铬铁	30~32	5~6	20~25	约5	约5			60~75	30~35		约10
	锰硅合金	约17	约5	约3	约5		9		50~70	20~30	0~10	
	硅钙合金	约17	0.5~1.5	约1		约20	3~4		88	5	7	
全封闭炉	锰硅合金	15~30	约5		1~5	5~10	约10	约30				
	高碳铬铁	15~20	5~10	25~30	2~6	2~5	约10					

附表6　常用固体、液体及气体燃料的发热值

固体燃料名称	发热值/kJ·kg⁻¹	液体燃料名称	发热值/kJ·kg⁻¹	气体燃料名称	发热值/kJ·kg⁻¹
无烟煤	29302~34325	燃料油	39867	75%硅铁电炉煤气	10465~10884
烟煤	29302~35162	重油	40604~41860	高碳铬铁电炉煤气	9209~10884
褐煤	20930~30139	原油	41860~46046	锰硅合金电炉煤气	8372~10465
沥青焦	25116~29302			高碳锰铁电炉煤气	8791~10884
焦炭	29302~33907			高炉煤气	3558~3767
木材	14651~16744			焦炉煤气	16744~17581
木炭	27209~31395			发生炉煤气（烟煤）	5860~6070
				水煤气	8372~10465
				天然气	33488~35581

附表7　常用固体、液体及气体燃料在空气中的着火点温度

固体燃料名称	着火点/℃	液体燃料名称	着火点/℃	气体燃料名称	着火点/℃
煤	400~500	原油	531~590	氢	530~585
焦炭	700	煤油	601~609	甲烷	650~750
木材	250~350	汽油	415	一氧化碳	644~651
木炭	350			焦炉煤气	640

附表 8 各种能源的平均发热量及折算标准煤的数值表

能 源 名 称	平均发热量/kJ·kg^{-1}(kcal·kg^{-1})	折算标准煤/t
电（10000kW·h）	等价热值：11930.1（2850）（全国） 当量热值：3600（860）	4.07
焦炭（干）（1t）	28464.8（6800）	0.971
石油焦（1t）	35392.6（8455）	1.208
洗精煤（1t）	26371.8（6300）	0.900
动力煤（混合煤）（1t）	20930（5000）	0.714
烟煤（1t）	25116（6000）	0.857
原油（1t）	41860（10000）	1.429
汽油（1t）	43115.8（10300）	1.471
柴油（1t）	46046（11000）	1.571
重油（1t）	41860（10000）	1.429
煤油（1t）	43115.8（10300）	1.471
氧气（10000m^3）	耗能工质	4
水（10000m^3）	耗能工质	0.86
城市煤气（10000m^3）	15906.8（3800）（上海）	0.543
液化石油气（1t）	46046（11000）	1.571
蒸汽（1t）	3767.4（900）	0.129
木炭（1t）	29302（7000）	1.000
木块（1t）	8372（2000）	0.285
天然气（10000m^3）	38971.7（9310）	1.330
纯铝（1t）	氧化放热 31139.7（7439）	1.063
纯硅（1t）	氧化放热 30486.6（7283）	1.040

附表 9　元素周期表

根据 IUPAC 1995 年提供的五位有效数字相对原子质量数据

图例：
- 26 —— 原子序数
- Fe —— 元素符号
- 铁 —— 元素名称(注·的是半衰期)
- 55.845 —— 以 $^{12}C=12$ 为基准的原子质量(相对原子质量)(注·的是半衰期) 最长同位素原子量

周期 \ 族	IA (1)	IIA (2)	IIIB (3)	IVB (4)	VB (5)	VIB (6)	VIIB (7)	VIIIB (8)	VIIIB (9)	VIIIB (10)	IB (11)	IIB (12)	IIIA (13)	IVA (14)	VA (15)	VIA (16)	VIIA (17)	VIIIA (18)	电子层
1	1 H 氢 1.0079																	2 He 氦 4.0026	K
2	3 Li 锂 6.941	4 Be 铍 9.0122											5 B 硼 10.811	6 C 碳 12.011	7 N 氮 14.007	8 O 氧 15.999	9 F 氟 18.998	10 Ne 氖 20.180	L K
3	11 Na 钠 22.990	12 Mg 镁 24.305											13 Al 铝 26.982	14 Si 硅 28.086	15 P 磷 30.974	16 S 硫 32.066	17 Cl 氯 35.453	18 Ar 氩 39.948	M L K
4	19 K 钾 39.098	20 Ca 钙 40.078	21 Sc 钪 44.956	22 Ti 钛 47.867	23 V 钒 50.942	24 Cr 铬 51.996	25 Mn 锰 54.938	26 Fe 铁 55.845	27 Co 钴 58.933	28 Ni 镍 58.693	29 Cu 铜 63.546	30 Zn 锌 65.39	31 Ga 镓 69.723	32 Ge 锗 72.61	33 As 砷 74.922	34 Se 硒 78.96	35 Br 溴 79.904	36 Kr 氪 83.80	N M L K
5	37 Rb 铷 85.468	38 Sr 锶 87.62	39 Y 钇 88.906	40 Zr 锆 91.224	41 Nb 铌 92.906	42 Mo 钼 95.94	43 Tc 锝 97.907^{+}	44 Ru 钌 101.07	45 Rh 铑 102.91	46 Pd 钯 106.42	47 Ag 银 107.87	48 Cd 镉 112.41	49 In 铟 114.82	50 Sn 锡 118.71	51 Sb 锑 121.76	52 Te 碲 127.60	53 I 碘 126.90	54 Xe 氙 131.29	O N M L K
6	55 Cs 铯 132.91	56 Ba 钡 137.33	57 La 镧 ★ 138.91	72 Hf 铪 178.49	73 Ta 钽 180.95	74 W 钨 183.84	75 Re 铼 186.21	76 Os 锇 190.23	77 Ir 铱 192.22	78 Pt 铂 195.08	79 Au 金 196.97	80 Hg 汞 200.59	81 Tl 铊 204.38	82 Pb 铅 207.2	83 Bi 铋 208.98	84 Po 钋 208.98	85 At 砹 209.99	86 Rn 氡 222.02	P O N M L K
7	87 Fr 钫 223.02^{+}	88 Ra 镭 226.03^{+}	89 Ac 锕 ★ 227.03^{+}	104 Rf 𬬻^ 261.11^{+}	105 Db 𬭊^ 262.11^{+}	106 Sg 𬭳^ 263.12^{+}	107 Bh 𬭛^ 264.12^{+}	108 Hs 𬭶^ 265.13^{+}	109 Mt 鿏^ (268)	110 ^ (269)	111 ^ (272)	112 ^ (277)							Q P O N M L K

★镧系

58 Ce 铈 140.12	59 Pr 镨 140.91	60 Nd 钕 144.24	61 Pm 钷^ 144.91^{+}	62 Sm 钐 150.36	63 Eu 铕 151.96	64 Gd 钆 157.25	65 Tb 铽 158.93	66 Dy 镝 162.50	67 Ho 钬 164.93	68 Er 铒 167.26	69 Tm 铥 168.93	70 Yb 镱 173.04	71 Lu 镥 174.97

★锕系

90 Th 钍 232.04	91 Pa 镤 231.04	92 U 铀 238.03	93 Np 镎^ 237.05^{+}	94 Pu 钚^ 244.06^{+}	95 Am 镅^ 243.06^{+}	96 Cm 锔^ 247.07^{+}	97 Bk 锫^ 247.07^{+}	98 Cf 锎^ 251.08^{+}	99 Es 锿^ 252.08^{+}	100 Fm 镄^ 257.10^{+}	101 Md 钔^ 258.10^{+}	102 No 锘^ 259.10^{+}	103 Lr 铹^ 262.11^{+}

参 考 文 献

[1] 赵乃成，张启轩. 铁合金生产实用技术手册［M］. 北京：冶金工业出版社，2010.

[2] 方有成. 铁合金冶炼新工艺新技术与设备选型及自动化控制实用手册［M］. 北京：当代中国音像出版社，2010.

[3] 刘卫. 铁合金生产［M］. 北京：冶金工业出版社，2005.

[4] 刘卫，王宏启. 铁合金生产工艺与设备［M］. 北京：冶金工业出版社，2009.

[5] 许传才. 铁合金冶炼工艺学［M］. 北京：冶金工业出版社，2007.

[6] 赵俊学，李林波，李小明，等. 冶金原理［M］. 北京：冶金工业出版社，2012.

[7] 张朝晖，李林波，韦武强，等. 冶金资源综合利用［M］. 北京：冶金工业出版社，2011.

[8] 许传才. 铁合金生产知识问答［M］. 北京：冶金工业出版社，2007.

[9] 王忠涛，池延斌. 铬系铁合金冶炼工艺设备与分析技术［M］. 西安：陕西科学技术出版社，2006.

[10] 编委会. 铁合金生产工艺与精炼技术及设备造型操作计算实务全书［M］. 北京：中国科技出版社，2008.

[11] 栾心汉，唐琳，李小明，等. 铁合金生产节能及精炼技术［M］. 西安：西北工业大学出版社，2006.

[12] 栾心汉，唐琳，李小明，等. 镍铁冶金技术及设备［M］. 北京：冶金工业出版社，2010.

[13] 许传才，王金成. 矿热炉机械设备和电气设备［M］. 北京：冶金工业出版社，2012.

[14] 周进华. 铁合金［M］. 北京：冶金工业出版社，1993.

[15] 李春德. 铁合金冶金学［M］. 北京：冶金工业出版社，2004.

[16] 李大成，刘恒，周大利. 钛冶炼工艺［M］. 北京：化学工业出版社，2009.

[17] 孔先. 多层焙烧炉设计［J］. 工业炉，1999，21（3）：44～46.

[18] 李琦，关浩. 硅铁炉生产工艺及烟气处理［J］. 北方环境，2012，24（2）：81～84.

[19] 向天虎，陆雪生. 硅铁炉生产节能工艺措施［J］. 铁合金，2004（6）：18～21.

[20] 包燕平，冯捷. 钢铁冶金学教程［M］. 北京：冶金工业出版社，2008.

[21] 琚成新，宫玉川. 多膛炉焙烧钼精矿的温度调节与控制［J］. 中国钼业，2010，34（5）：28～33.

冶金工业出版社部分图书推荐